电网企业员工安全等级培训系列教材

变电一次安装

国网浙江省电力有限公司 ◎ 编著

企业管理出版社
ENTERPRISE MANAGEMENT PUBLISHING HOUSE

图书在版编目（CIP）数据

变电一次安装/国网浙江省电力有限公司编著.—北京：企业管理出版社，2024.4

电网企业员工安全等级培训系列教材

ISBN 978-7-5164-2949-5

Ⅰ.①变… Ⅱ.①国… Ⅲ.①变电所－一次系统－安装－技术培训－教材 Ⅳ.① TM645.1

中国国家版本馆 CIP 数据核字（2023）第 184500 号

书　　名：	变电一次安装
书　　号：	ISBN 978-7-5164-2949-5
作　　者：	国网浙江省电力有限公司
责任编辑：	蒋舒娟
出版发行：	企业管理出版社
经　　销：	新华书店
地　　址：	北京市海淀区紫竹院南路 17 号　　邮编：100048
网　　址：	http: //www.emph.cn　　电子信箱：26814134@qq.com
电　　话：	编辑部（010）68701661　　发行部（010）68701816
印　　刷：	北京亿友创新科技发展有限公司
版　　次：	2024 年 4 月第 1 版
印　　次：	2024 年 4 月第 1 次印刷
开　　本：	710mm×1092mm　　1/16
印　　张：	11 印张
字　　数：	178 千字
定　　价：	68.00 元

版权所有　翻印必究·印装有误　负责调换

编写委员会

主　任　王凯军
副主任　宋金根　盛　晔　李付林　王　权　翁舟波　顾天雄　姚　晖
成　员　徐　冲　倪相生　黄文涛　周　辉　王建莉　高　祺　杨　扬
　　　　　黄　苏　吴志敏　叶代亮　陈　蕾　何成彬　于　军　潘王新
　　　　　邓益民　黄晓波　黄晓明　金国亮　阮剑飞　汪　滔　魏伟明
　　　　　张东波　吴宏坚　吴　忠　范晓东　贺伟军　王　艇　岑建明
　　　　　汤亿则　林立波　卢伟军　郑文悦　陆鑫刚　张国英

本册编写人员

吕红峰　胡卫东　俞曦俊　何佳胤　尤育敢
倪相生　翟瑞劼　熊虎岗　汪　凝

前　言

为贯彻落实国家安全生产法律法规（特别是新《中华人民共和国安全生产法》）和国家电网有限公司关于安全生产的有关规定，适应安全教育培训工作的新形势和新要求，进一步提高电网企业生产岗位人员的安全技术水平，推进生产岗位人员安全等级培训和认证工作，国网浙江省电力有限公司在2016年出版的"电网企业员工安全技术等级培训系列教材"的基础上组织修编，形成2024年的"电网企业员工安全等级培训系列教材"。

"电网企业员工安全等级培训系列教材"包括《公共安全知识》分册和《变电检修》《电气试验》《变电运维》《输电线路》《输电线路带电作业》《继电保护》《电网调控》《自动化》《电力通信》《配电运检》《电力电缆》《配电带电作业》《电力营销》《变电一次安装》《变电二次安装》《线路架设》等专业分册。《公共安全知识》分册内容包括安全生产法律法规知识、安全生产管理知识、现场作业安全、作业工器（机）具知识、通用安全知识五个部分；各专业分册包括相应专业的基本安全要求、保证安全的组织措施和技术措施、作业安全风险辨识评估与控制、隐患排查治理、生产现场的安全设施、典型违章举例与事故案例分析、班组安全管理七个部分。

本系列教材为电网企业员工安全等级培训专用教材，也可作为生产岗位人员安全培训辅助教材，宜采用《公共安全知识》分册加专业分册配套使用的形式开展学习培训。

鉴于编者水平所限，本书不足之处在所难免，敬请读者批评指正。

编　者
2024年2月

目 录

第一章　基本安全要求 ··· 1
  第一节　一般安全要求 ··· 1
  第二节　常用安全工器具使用要求 ·· 12
  第三节　常用工器具的安全使用 ··· 27
  第四节　现场标准化作业指导书（现场执行卡）的编制与应用 ·············· 35
  第五节　施工作业的基本安全要求 ··· 40

第二章　保证安全的组织措施和技术措施 ·· 59
  第一节　保证作业现场安全的组织措施 ··· 59
  第二节　改、扩建工程中的组织措施和技术措施 ································ 65

第三章　作业安全风险辨识评估与控制 ··· 70
  第一节　概述 ··· 70
  第二节　作业安全风险辨识与控制 ··· 83

第四章　隐患排查治理 ··· 99
  第一节　概述 ··· 99
  第二节　隐患标准及隐患排查 ·· 101
  第三节　隐患治理及重大隐患管理 ·· 103

第五章　生产现场的安全设施 ··· 106
  第一节　安全标志 ·· 107
  第二节　设备标志 ·· 117
  第三节　安全警示线和安全防护设施 ·· 121

第六章　典型违章举例与事故案例分析 ··· 128
  第一节　典型违章举例 ··· 128
  第二节　事故案例分析 ··· 138

第七章　班组安全管理……………………………………………… 143
　　第一节　班组建设标准…………………………………………… 143
　　第二节　班组日常安全管理……………………………………… 148
附录A　现场标准化作业指导书（现场执行卡）范例……………… 154
附录B　施工作业现场处置方案范例………………………………… 159

第一章
基本安全要求

第一节 一般安全要求

一、作业人员的基本条件

（1）应身体健康，无妨碍工作的病症，体格检查至少每两年一次。

（2）应经相应的安全生产教育和岗位技能培训、考试合格，掌握本岗位所需的安全生产知识、安全作业技能和紧急救护法。

（3）应接受《国家电网有限公司电力建设安全工作规程 第1部分：变电》（简称"《安规》"）培训，按工作性质掌握相应内容并经考试合格，每年至少考试一次。

（4）特种作业人员、特种设备作业人员应按照国家有关规定，取得相应资格，并按期复审，定期体检。

（5）进入现场的其他人员（供应商、实习人员等）应经过安全生产知识教育后，方可进入现场参加指定的工作，并且不得单独工作。

（6）涉及新技术、新工艺、新设备、新材料的项目人员，应进行专门的安全生产教育和培训。

（7）作业人员应被告知其作业现场和工作岗位存在的危险因素、防范措施及事故应急措施。

（8）作业人员应严格遵守现场安全作业规章制度和作业规程，服从管理，正确使用安全工器具和个人安全防护用品。

（9）发现安全隐患应妥善处理或向上级报告；发现直接危及人身、电网和设备安全的紧急情况时，应立即停止作业或在采取必要的应急措施后撤离危险区域。

二、施工现场安全的基本要求

（一）一般规定

（1）施工总平面布置应符合国家消防、环境保护、职业健康等有关规定。

（2）临时建筑工程应有设计，并经审核批准后方可施工；竣工后应经验收合格方可使用。使用中应定期进行检查维护。

（3）施工现场的排水设施应全面规划（含设计、施工要求）。排水沟的截面及坡度应经计算确定，其设置位置不得妨碍交通。凡有可能承载荷重的排水沟都应设盖板或敷设涵管，盖板的厚度或涵管的大小和埋设深度应经计算确定。排水沟及涵管应保持畅通。

（4）施工现场敷设的力能管线不得任意切割或移动。如需切割或移动，应事先办理审批手续。

（5）施工现场应按规定配置和使用施工安全设施。设置的各种安全设施不得擅自拆、挪或移作他用。如确因施工需要，应征得该设施管理单位同意，并办理相关手续，采取相应的临时安全措施，事后应及时恢复。

（6）施工现场及周围的悬崖、陡坎、深坑、高压带电区等危险场所均应设可靠的防护设施及警告标志；坑、沟、孔洞等均应铺设符合安全要求的盖板或设可靠的围栏、挡板及警告标志。危险场所夜间应设红灯示警。

（7）施工现场应编制应急现场处置方案，并定期组织开展应急演练；配备应急医疗用品和器材等；施工车辆宜配备医药箱，并定期检查其有效期限，及时更换补充。

（8）在存在有害气体的室内或容器内工作均应设置强制性通风装置，采用可靠的防护用具或配备气体检测装置，并在专人监护下进行工作。

（9）生活区与施工现场、扩建施工区域与设备运行区域应有效隔离，与施工无关的人员不得进入施工现场。

（10）进入施工现场的人员应正确佩戴合格的安全帽等安全防护用品，根据作业工种或场所需要选配个体防护装备。施工作业人员不得穿拖鞋、凉鞋、高跟鞋，以及短袖上衣、短裤、裙子等进入施工现场。不得酒后进入施工现场。与施工无关的人员未经允许不得进入施工现场。

（11）下坑井、隧道或深沟内工作前，应先检查其内是否积聚有可燃或有毒等气体。如有异常，应认真排除，确认可靠后方可进入工作。下坑井、深沟内工作的人员应拴好救生绳和安全带，救生绳上端固定在坑井、深沟上部牢固的部位，且设专人监护。

（12）施工场所应保持整洁，在施工区域宜设置集中垃圾箱。垃圾或废料应及时清除，做到"工完、料尽、场地清"，坚持文明施工。在高处清扫的垃圾或废料，不得向下抛掷。

（二）道路

（1）施工现场应设置消防通道，场内道路应坚实、平坦，车道宽度和转弯半径应结合线路施工现场道路或变电站进站和站内道路设计，并兼顾施工和大件设备运输要求。线路施工便道应保持畅通、安全、可靠。

（2）现场道路跨越沟槽时应搭设牢固的便桥，验收合格后方可使用。人行便桥的宽度不得小于 1m；手推车便桥的宽度不得小于 1.5m；汽车便桥应经设计，其宽度不得小于 3.5m。便桥的两侧应设有可靠的栏杆，并设置安全警示标志。

（3）现场道路不得任意挖掘或截断。确需开挖时，应事先征得施工管理部门（现场负责人）的同意并限期修复。开挖期间必须采取铺设过道板或架设便桥等保证安全通行的措施。

（4）现场的机动车辆应限速行驶，行驶速度一般不得超过 15km/h；机动车在特殊地点、路段或遇到特殊情况时的行驶速度不得超过 5km/h；并应在显著位置设置限速标志。

（5）机动车辆行驶沿途的路旁应设交通指示标志，经过运行设备区域应有限高、限宽标志，危险区段应设"危险"或"禁止通行"等安全标志，夜间应设红灯示警。场地狭小、运输繁忙的地点应设临时交通指挥。

（三）材料、设备堆放及保管

（1）材料、设备应按施工总平面布置图规定的地点进行定置化管理，并符合消防及搬运的要求。堆放场地应平坦、不积水，地基应坚实，应设置支垫，并做好防潮、防火、防倾倒措施。现场拆除的模板、脚手杆及其他剩余材料、设备应及时清理回收，集中堆放。

（2）易燃材料和废料的堆放场所与建筑物及用火作业区的距离应符合《安规》的规定。

（3）材料、设备不得紧靠木栅栏或建筑物的墙壁堆放，放置在围栏或建筑物的墙壁附近时，应留有0.5m以上的间距，并封闭两端。

（4）各类抱杆、钢丝绳、跨越架、脚手杆（管）、脚手板、紧固件等受力工器具以及防护用具等均应存放在干燥、通风处，并符合防腐、防火等要求。工程开工或间歇性复工前应进行检查，合格后方可使用。

（5）易燃、易爆及有毒物品等应分别存放在与普通仓库隔离的危险品仓库内，危险品仓库的库门应向外开，开关、插座应安装在库房外，并按有关规定严格管理。汽油、酒精、油漆及稀释剂等挥发性易燃材料应密封存放，并配备消防器材，悬挂相应安全标志。

（6）酸类及危害人体健康的物品应放在专设的库房内或场地上，并做出标记。库房应保持通风。

（7）器材堆放应遵守下列规定：

①器材堆放应整齐稳固，长、大件器材的堆放有防倾倒的措施。

②器材距铁路轨道最小距离不得小于2.5m。

③钢筋混凝土电杆堆放的地面应平整、坚实，杆段下方应设支垫，两侧应掩牢，堆放高度不得超过3层。

④钢管堆放的两侧应设立柱，堆放高度不宜超过1m，层间可加垫。

⑤袋装水泥堆放的地面应垫平，架空垫起不小于0.3m，堆放高度不宜超过12包。临时露天堆放时，应用防雨篷布遮盖，防雨篷布应进行加固。

⑥线盘放置的地面应平整、坚实，滚动方向前后均应掩牢。

⑦绝缘子应包装完好，堆放高度不宜超过2m。

⑧材料箱、筒横卧不超过3层，立放不超过2层。层间应加垫，两边设立柱。

⑨袋装材料的堆放高度不超过1.5m；砖的堆限高度为2m，堆放整齐、稳固。

⑩圆木和毛竹堆放的两侧应设立柱，堆放高度不宜超过2m，并有防止滚落的措施。

（8）电气设备的保管与堆放应符合下列要求：

①瓷质材料拆箱后，应单层排列整齐，不得堆放，并采取防碰措施。

②绝缘材料应存放在有防火、防潮措施的库房内。

③电气设备应分类存放，放置稳固、整齐，不得堆放。

④重心较高的电气设备在存放时应有防止倾倒的措施。

⑤有防潮标志的电气设备应做好防潮措施。

⑥易漂浮材料、设备包装物应及时清理。

（四）施工用电

1. 一般规定

（1）施工用电方案应编入项目管理实施规划或编制专项方案，其布设要求应符合国家和行业的有关规定。

（2）施工用电设施应按批准的方案进行施工，竣工后应经验收合格方可投入使用。

（3）施工用电设施的安装、运行、维护，应由专业电工负责，并应建立安装、运行、维护、拆除作业记录台账。

（4）施工用电工程应定期检查，对安全隐患应及时处理，并履行复查验收手续。

（5）当施工现场与外电线路共用同一供电系统时，电气设备的接地、接零保护应与原系统保持一致。不得一部分设备做保护接零，另一部分设备做保护接地。

（6）施工用电工程的 380V/220V 低压系统，应采用三级配电、二级剩余电流动作保护系统（漏电保护系统），末端应装剩余电流动作保护装置（漏电保护器）。

2. 变压器设备

（1）10kV/400kVA 及以下的变压器宜采用支柱上安装，支柱上变压器的底部距地面的高度不得小于 2.5m。组立后的支柱不应有倾斜、下沉及支柱基础积水等现象。

（2）35kV 及 10kV/400kVA 以上的变压器如采用地面平台安装，装设变压器的平台应高出地面 0.5m，其四周应装设高度不低于 1.8m 的围栏。围栏与变压器外廓的距离：10kV 及以下应不小于 1m，35kV 应不小于 1.2m，并应在围栏各侧的明显部位悬挂"止步、高压危险！"的安全标志。

（3）变压器中性点及外壳应分别接地并接触良好，要有安全措施，连接牢固可靠，工作接地电阻不得大于 4Ω。总容量为 100kVA 以下的系统，工作接地电阻不得大于 10Ω。在土壤电阻率大于 1000Ω·m 的地区，当达到上述接地电阻值有困难时，工作接地电阻不得大于 30Ω。

（4）变压器引线与电缆连接时，电缆及其终端头均不得与变压器外壳直接接触。

（5）采用箱式变电站供电时，其外壳应有可靠的保护接地。接地系统应符合产品技术要求，装有仪表和继电器的箱门应与壳体可靠连接。

（6）箱式变电站安装完毕或检修后投入运行前，应对其内部的电气设备进行检查，电气性能试验合格后方可投入运行。

3. 发电机组

（1）发电机组不得设在基坑里。

（2）发电机组应配置可用于扑灭电气火灾的灭火器，禁止存放易燃易爆物品。

（3）发电机组应采用电源中性点直接接地的三相五线制供电系统，即TN-S接零保护系统，其工作接地电阻值应符合《安规》的要求。

（4）发电机供电系统应设置可视断路器或电源隔离开关及短路、过载保护。电源隔离开关分断时应有明显可见的分断点。

4. 配电及照明

（1）配电箱应根据用电负荷状态装设短路、过载保护电器和剩余电流动作保护装置（漏电保护器），并定期检查和试验。高压配电设备、线路和低压配电线路停电检修时，应装设临时接地线，并应悬挂"禁止合闸、有人工作！"或"禁止合闸、线路有人工作！"的安全标志牌。

（2）高压配电装置应装设隔离开关，隔离开关分断时应有明显断开点。

（3）低压配电箱的电器安装板上应分设N线端子板和PE线端子板。N线端子板应与金属电器安装板绝缘，PE线端子板应与金属电器安装板做电气连接。进出线中的N线应通过N线端子板连接，PE线应通过PE线端子板连接。

（4）配电箱设置地点应平整，不得被水淹或土埋，并应防止碰撞和被物体打击。配电箱内及附近不得堆放杂物。

（5）配电箱应坚固，金属外壳接地或接零良好；其结构应具备防火、防雨的功能；箱内的配线应采取相色配线且绝缘良好；导线进出配电柜或配电箱的线段应采取固定措施；导线端头制作规范，连接应牢固；操作部位不得有带电体裸露。

（6）支架上装设的配电箱，应安装牢固并便于操作和维修，引下线应穿管敷设并做防水弯。

（7）低压架空线路不得采用裸线，导线截面积不得小于 16mm²，人员通行处架设高度不得低于 2.5m；交通要道及车辆通行处，架设高度不得低于 5m。

（8）电缆线路应采用埋地或架空敷设，不得沿地面明设，并应避免机械损伤和介质腐蚀。

（9）现场直埋电缆的走向应按施工总平面布置图的规定，沿主道路或固定建筑物等的边缘直线埋设，埋深不得小于 0.7m，并应在电缆紧邻四周均匀敷设不小于 50mm 厚的细砂，然后覆盖砖或混凝土板等硬质保护层；转弯处和大于等于 50m 直线段处，在地面上设明显的标志；通过道路时应采用保护套管。

（10）电缆接头处应有防水和防触电的措施。

（11）低压电力电缆中应包含全部工作芯线和用作工作零线、保护零线的芯线。需要三相四线制配电的电缆线路必须采用五芯电缆。五芯电缆必须包含淡蓝、绿/黄两种颜色绝缘芯线，淡蓝色芯线用作工作零线（N线），绿/黄双色芯线用作保护零线（PE线），不得混用。

（12）用电线路及电气设备的绝缘应良好，布线应整齐，设备的裸露带电部分应加防护措施。架空线路的路径应合理选择，避开易撞、易碰以及易腐蚀场所。

（13）用电设备的电源引线长度不得大于 5m，长度大于 5m 时，应设移动开关箱。移动开关箱至固定式配电箱之间的引线长度不得大于 40m，且只能用绝缘护套软电缆。

（14）电气设备不得超铭牌使用，隔离型电源总开关禁止带负荷拉闸。

（15）开关和熔断器的容量应满足被保护设备的要求。闸刀开关应有保护罩。不得用其他金属丝代替熔丝。

（16）熔丝熔断后，应查明原因，排除故障后方可更换。更换熔丝后应装好保护罩方可送电。

（17）多路电源配电箱宜采用密封式。开关及熔断器应上口接电源，下口接负荷，不得倒接。负荷应标明名称，单相开关应标明电压。

（18）不同电压等级的插座与插销应选用相应的结构，禁止用单相三孔插座代替三相插座。单相插座应标明电压等级。

（19）禁止将电源线直接钩挂在闸刀上或直接插入插座内使用。

（20）电动机械或电动工具应做到"一机一闸一保护"。移动式电动机械应使用绝缘护套软电缆。

（21）照明线路敷设应采用绝缘槽板、穿管或固定在绝缘子上，不得接近热源或直接绑挂在金属构件上。照明线路穿墙时应套绝缘套管，管、槽内的电源线不得有接头，并经常检查、维修。

（22）照明灯具的悬挂高度不应低于2.5m，并不得任意挪动，低于2.5m时应设保护罩。照明灯具开关应控制相线。

（23）在光线不足的作业场所及夜间作业的场所均应有足够的照明。

（24）在有爆炸危险的场所及危险品仓库内，应采用防爆型电气设备，开关应装在室外。在散发大量蒸汽、气体或粉尘的场所，应采用密闭型电气设备。在坑井、沟道、沉箱内及独立高层建筑物上，应备有独立的照明电源，并符合安全电压要求。

（25）照明装置采用金属支架时，支架应稳固，并采取接地或接零保护。

（26）行灯的电压不得超过36V，潮湿场所、金属容器或管道内的行灯电压不得超过12V。行灯应有保护罩，行灯电源线应使用绝缘护套软电缆。

（27）行灯照明变压器应使用双绕组型安全隔离变压器，禁止使用自耦变压器。

（28）电动机械及照明设备拆除后，不得留有可能带电的部分。

5. 接零及接地保护

（1）施工用电电源采用中性点直接接地的专用变压器供电时，其低压配电系统的接地型式宜采用TN-S接零保护系统。采用TN-S系统做保护接零时，工作零线（N线）应通过剩余电流动作保护装置（漏电保护器），保护零线（PE线）应由电源进线零线重复接地处或剩余电流动作保护装置（漏电保护器）电源侧零线处引出，即不通过剩余电流动作保护装置（漏电保护器）。保护零线（PE线）上禁止装设开关或熔断器，并且采取防止断线的措施。

（2）当施工现场利用原有供电系统的电气设备时，应根据原系统要求做保护接零或保护接地。同一供电系统不得一部分设备做保护接零，另一部分设备做保护接地。

（3）保护零线（PE线）应采用绝缘多股软铜绞线。当相线截面积不超过 $16mm^2$ 时，保护零线（PE线）截面积不得小于相线截面积；当相线截面积大于16mm²、且不超过35mm²时，保护零线（PE线）截面积不得小于16mm²；当相线截面积大于35mm²时，保护零线（PE线）截面积不得小于相线截面积的1/2。电动机械与保护零线（PE线）的连接线截面积一般不得小于相线截面积的1/3且不得小于2.5mm²；移动式或手提式电动机具与保护零线（PE线）的连接线截面积一般不得小于相线截面积的1/3且不得小于1.5mm²。

（4）电源线、保护接零线、保护接地线应采用焊接、压接、螺栓连接或其他可靠方法连接。

（5）保护零线（PE线）应在配电系统的始端、中间和末端处做重复接地。

（6）对地电压在127V及以上的下列电气设备及设施，均应装设接地或接零保护：

①发电机、电动机、电焊机及变压器的金属外壳。

②开关及其传动装置的金属底座或外壳。

③电流互感器的二次绕组。

④配电盘、控制盘的外壳。

⑤配电装置的金属构架、带电设备周围的金属围栏。

⑥高压绝缘子及套管的金属底座。

⑦电缆接头盒的外壳及电缆的金属外皮。

⑧吊车的轨道及焊工等的工作平台。

⑨架空线路的杆塔（木杆除外）。

⑩室内外配线的金属管道。

⑪金属制的集装箱式办公室、休息室及工具间、材料间、卫生间等。

（7）禁止利用易燃、易爆气体或液体管道作为接地装置的自然接地体。

（8）接地装置的敷设应符合GB 50194《建设工程施工现场供用电安全规范》的规定，并应符合下列基本要求：

①人工接地体的顶面埋设深度不宜小于0.6m。

②人工垂直接地体宜采用热浸镀锌圆钢、角钢、钢管，长度宜为2.5m。人工水平接地体宜采用热浸镀锌的扁钢或圆钢。圆钢直径不应小于12mm；扁钢、角钢等型钢的截面积不应小于90mm²，其厚度不应小于3mm；钢管壁厚不应小于2mm。人工接地体不得采用螺纹钢。

6. 用电及用电设备

（1）用电单位应建立施工用电安全岗位责任制，明确各级用电安全责任人。

（2）用电安全负责人及施工作业人员应严格执行施工用电安全施工技术措施，熟悉施工现场配电系统。

（3）配电室和现场的配电柜或总配电箱、分配电箱应配锁具。

（4）在电气设备的明显部位应设"禁止靠近，以防触电"的安全标志牌。

（5）施工用电设施应定期检查并记录。对用电设施的绝缘电阻及接地电阻应定期进行检测并记录。

（6）施工现场用电设备等应有专人进行维护和管理。

（7）每台用电设备应有各自专用的开关，禁止用同一个开关直接控制两台及以上用电设备（含插座）。

（8）末级配电箱中剩余电流动作保护装置（漏电保护器）的额定动作电流应不大于30mA，额定漏电动作时间应不大于0.1s。使用于潮湿或有腐蚀介质场所的剩余电流动作保护装置（漏电保护器）应采用防溅型产品，其额定漏电动作电流应不大于15mA，额定漏电动作时间应不大于0.1s。总配电箱中剩余电流动作保护装置（漏电保护器）的额定漏电动作电流应大于30mA，额定漏电动作时间应大于0.1s，但其额定漏电动作电流与额定漏电动作时间的乘积应不大于30mA·s。

（9）当分配电箱直接供电给末级配电箱时，可采用分配电箱设置插座方式供电，并应采用工业用插座，且每个插座应有各自独立的保护电器。

（10）动力配电箱与照明配电箱宜分别设置。当合并设置为同一配电箱时，动力和照明应分路配电，动力末级配电箱与照明末级配电箱应分设。

（11）对配电箱、末级配电箱进行维修、检查时，应将其前一级相应的电源隔离开关分闸断电，并悬挂"禁止合闸、有人工作！"的安全标志牌。

（12）配电箱送电、停电应按照下列顺序进行操作：

①送电操作顺序：总配电箱→分配电箱→末级配电箱。

②停电操作顺序：末级配电箱→分配电箱→总配电箱，但在配电系统故障的紧急情况下可以除外。

（13）在对地电压250V以下的低压配电系统上进行不停电作业时，应遵守下列规定：

①被拆除或接入的线路，不得带任何负荷。

②相间及相对地应有足够的距离，避免施工作业人员及操作工具同时触及不同相导体。

③有可靠的绝缘措施。

④设专人监护。

⑤剩余电流动作保护装置（漏电保护器）应投入。

（五）消防

1. 一般规定

（1）施工现场、仓库及重要机械设备、配电箱旁，生活和办公区等应配置相应的消防器材。开展需要动火的施工作业前，应增设相应类型及数量的消防器材。在林区、牧区施工，应遵守当地的防火规定。

（2）在防火重点部位或易燃、易爆区周围动用明火或进行可能产生火花的作业时，应办理动火工作票，经有关部门批准后，采取相应措施并增设相应类型及数量的消防器材后方可进行。

（3）消防设施应有防雨、防冻措施，并定期进行检查、试验，确保有效；砂桶（箱、袋）、斧、锹、钩子等消防器材应放置在明显、易取处，不得任意移动或遮盖，不得挪作他用。

（4）作业现场禁止吸烟。

（5）不得在办公室、工具房、休息室、宿舍等房屋内存放易燃、易爆物品。

（6）挥发性易燃材料不得装在敞口容器内或存放在普通仓库内。装过挥发性油剂及其他易燃物质的容器，应及时退库，并存放在距建筑物不小于25m的单独隔离场所；装过挥发性油剂及其他易燃物质的容器未与运行设备彻底隔离及采取清洗置换等措施时，禁止使用电焊或火焊进行焊接或切割。

（7）储存易燃、易爆液体或气体仓库的保管人员，应穿着棉、麻等不易产生静电的材料制成的服装入库。

（8）运输易燃、易爆等危险物品，应按当地公安部门的有关规定申请，经批准后方可进行。

（9）采用易燃材料包装或设备本身应防火的设备箱，不得使用火焊切割的方法开箱。

（10）电气设备附近应配备适用于扑灭电气火灾的消防器材。发生电气火灾时应首先切断电源。

（11）烘燥间或烘箱的使用及管理应有专人负责。

（12）熬制沥青或调制冷底子油应在建筑物的下风方向进行，距易燃物不得小于10m，不应在室内进行。

（13）进行沥青或冷底子油作业时应通风良好，作业时及施工完毕后的24h内，其作业区周围30m内禁止明火。

（14）冬季采用火炉暖棚法施工，应制订相应的防火和防止一氧化碳中毒措施，并设不少于2人的值班人员。

2. 临时建筑及仓库防火

（1）临时建筑及仓库的设计，应符合GB 50016《建筑设计防火规范》的规定。

（2）仓库应根据储存物品的性质采用相应耐火等级的材料建成。值班室与库房之间应有防火隔离措施。

（3）临时建筑物内的火炉烟囱通过墙和屋面时，其四周应用防火材料隔离。烟囱伸出屋面的高度不得小于500mm。禁止使用汽油或煤油引火。

（4）氧气、乙炔气、汽油等危险品仓库，应采取避雷及防静电接地措施，屋面应采用轻型结构，并设置气窗及底窗。门、窗不得向内开启，保持通风良好。氧气瓶仓库的室温不得超过35℃。

（5）各类建筑物与易燃材料堆场之间的防火间距应符合《安规》的规定。

（6）临时建筑不宜建在电力线下方，如必须在110kV及以下电力线下方建造时，应经线路运维单位同意。屋顶采用耐火材料。临时库房与电力线导线之间的垂直距离，在导线最大计算弧垂情况下应符合《安规》的规定。

第二节　常用安全工器具使用要求

安全工器具分为个体防护装备、绝缘安全工器具、登高工器具、安全围栏（网）和标识牌等四大类。

一、个体防护装备

个体防护装备是指保护人体避免受到急性伤害而使用的安全用具，包括安全帽、防护眼镜、自吸过滤式防毒面具、正压式消防空气呼吸器、安全带、安全绳、连接器、速差自控器、导轨自锁器、缓冲器、安全网、静电防护服、防电弧服、耐酸服、SF_6防护服、屏蔽服装、耐酸手套、耐酸靴、导电鞋（防静电鞋）、个人保安线、SF_6气体检漏仪、含氧量测试仪及有害气体检测仪、防火服等。

（一）安全帽

1. 检查要求

（1）永久标识和产品说明等标识清晰完整，安全帽的帽壳、帽衬（帽箍、吸汗带、缓冲垫及衬带）、帽箍扣、下颌带等组件完好无缺失。

（2）帽壳内外表面应平整光滑，无划痕、裂缝和孔洞，无灼伤、冲击痕迹。

（3）帽衬与帽壳连接牢固，后箍、锁紧卡等开闭调节灵活，卡位牢固。

（4）使用期从产品制造完成之日起计算，不得超过安全帽永久标识的强制报废期限。

2. 使用要求

（1）任何人员进入生产、施工现场必须正确佩戴安全帽。针对不同的生产场所，根据安全帽产品说明选择适用的安全帽。

（2）安全帽戴好后，应将帽箍扣调整到合适的位置，锁紧下颌带，防止工作中前倾后仰或其他原因造成滑落。

（3）受过一次强冲击或做过试验的安全帽不能继续使用，应予以报废。

（4）高压近电报警安全帽使用前应检查其音响部分是否良好，但不得作为无电的依据。

（二）防护眼镜

1. 检查要求

（1）防护眼镜的标识清晰完整，并位于透镜表面不影响使用功能处。

（2）防护眼镜表面光滑，无气泡、杂质，以免影响工作人员的视线。

（3）镜架平滑，不可造成擦伤或有压迫感；同时，镜片与镜架衔接要牢固。

2. 使用要求

（1）防护眼镜的选择要正确。要根据工作性质、工作场合选择相应的防护眼镜。如在装卸高压熔断器或进行气焊时，应戴防辐射防护眼镜；在室外阳光暴晒的地方工作时，应戴变色镜（防辐射防护眼镜的一种）；在进行车、铣、刨及用砂轮磨工件时，应戴防打击防护眼镜等；在向蓄电池内注入电解液时，应戴防有害液体防护眼镜或戴防毒气封闭式无色防护眼镜。

（2）防护眼镜的宽窄和大小要恰好适合使用者。如果大小不合适，防护眼镜滑落到鼻尖上，就起不到防护作用。

（3）防护眼镜应按出厂时标明的遮光编号或使用说明书使用。

（4）透明防护眼镜佩戴前应用干净的布擦拭镜片，以保证足够的透光度。

（5）戴好防护眼镜后应收紧防护眼镜镜腿（带），避免造成滑落。

（三）自吸过滤式防毒面具

1. 检查要求

（1）面罩及过滤件上的标识应清晰完整，无破损。

（2）使用前应检查面具的完整性和气密性，面罩密合框应与佩戴者颜面密合，无明显压痛感。

（3）面罩观察眼窗应视物真实，有防止镜片结雾的措施。

2. 使用要求

（1）使用防毒面具时，空气中氧气浓度不得低于18%，温度为 -30℃~45℃，不能用于槽、罐等密闭容器环境。

（2）使用者应根据其面型尺寸选配适宜的面罩号码。

（3）使用中应注意有无泄漏和滤毒罐失效。防毒面具的过滤剂有一定的使用时间，一般为30~100min。过滤剂失去过滤作用（面具内有特殊气味）时，应及时更换。

（四）正压式消防空气呼吸器

1. 检查要求

（1）表面无锐利的棱角，标识清晰完整，无破损。

（2）使用前应检查正压式呼吸器气罐表计压力在合格范围内。检查面具的完整性和气密性，面罩密合框应与佩戴者颜面密合，无明显压痛感。带有眼镜支架时，连接应可靠，无明显晃动感。视窗不应产生视觉变形现象。

（3）气瓶外部应有防护套，气瓶瓶阀与减压器连接、全面罩与供气阀连接应可靠，连接处若使用密封件，不应脱落或移位。

2. 使用要求

（1）使用者应根据其面型尺寸选配适宜的面罩号码。

（2）使用中应注意有无泄漏。

（五）安全带

1. 检查要求

（1）商标、合格证和检验证等标识清晰完整，各部件完整无缺失、无伤残破损。

（2）腰带、围杆带、肩带、腿带等带体无灼伤、脆裂及霉变，表面不应有明显磨损及切口；围杆绳、安全绳无灼伤、脆裂、断股及霉变，各股松紧一致，绳子应无扭结；护腰带接触腰的部分应垫有柔软材料，边缘圆滑无角。

（3）织带折头连接应使用缝线，不应使用铆钉、胶粘、热合等工艺，缝线颜色与织带应有区分。

（4）金属配件表面光洁，无裂纹、无严重锈蚀和目测可见的变形，配件边缘应呈圆弧形；金属环类零件不允许使用焊接，不应留有开口。

（5）金属挂钩等连接器应有保险装置，应在两个及以上明确的动作下才能打开，且操作灵活。钩体和钩舌的咬口必须完整，两者不得偏斜。各调节装置应灵活可靠。

2. 使用要求

（1）围杆作业安全带一般使用期限为3年，区域限制安全带和坠落悬挂安全带使用期限为5年，如发生坠落事故，则应由专人进行检查，如有影响性能的损伤，则应立即更换。

（2）应正确选用安全带，其功能应符合现场作业要求，如需多种条件下使用，在保证安全前提下，可选用组合式安全带（区域限制安全带、围杆作业安全带、坠落悬挂安全带等的组合）。

（3）安全带穿戴好后应仔细检查连接扣或调节扣，确保各处绳扣连接牢固。

（4）2m及以上的高处作业应使用安全带。

（5）在坝顶、陡坡、屋顶、悬崖、杆塔、吊桥以及其他危险的边沿进行工作，临空一面应装设安全网或防护栏杆，否则，作业人员应使用安全带。

（6）在没有脚手架或者在没有栏杆的脚手架上工作，高度超过1.5m时，应使用安全带。

（7）在电焊作业或其他有火花、熔融源等场所使用的安全带或安全绳应有隔热防磨套。

（8）安全带的挂钩或绳子应挂在结实牢固的构件或挂安全带专用的钢丝

绳上，并应采用高挂低用的方式。

（9）高处作业人员在转移作业位置时不准失去安全保护。

（10）禁止将安全带系在移动或不牢固的物件上［如隔离开关（刀闸）支持绝缘子、瓷横担、未经固定的转动横担、线路支柱绝缘子、避雷器支柱绝缘子等］。

（11）登杆前，应进行围杆带和后备绳的试拉，无异常方可继续使用。

（六）安全绳

1. 检查要求

（1）安全绳的产品名称、标准号、制造厂名及厂址、生产日期（年、月）及有效期、总长度、产品作业类别（围杆作业、区域限制或坠落悬挂）、产品合格标志、法律法规要求标注的其他内容等永久标识清晰完整。

（2）安全绳应光滑、干燥，无霉变、断股、磨损、灼伤、缺口等缺陷。所有部件应顺滑，无材料或制造缺陷，无尖角或锋利边缘。护套（如有）应完整不破损。

（3）织带式安全绳的织带应加锁边线，末端无散丝；纤维绳式安全绳绳头无散丝；钢丝绳式安全绳的钢丝应捻制均匀、紧密、不松散，中间无接头；链式安全绳下端环、连接环和中间环的各环间转动灵活，链条形状一致。

2. 使用要求

（1）安全绳应是整根，不应私自接长使用。

（2）在高温、腐蚀等场合使用的安全绳，应穿入整根具有耐高温、抗腐蚀的保护套，或采用钢丝绳式安全绳。

（3）安全绳的连接应通过连接扣连接，在使用过程中不应打结。

（4）安全绳（包括未展开的缓冲器）有效长度不应超过2m，有2根安全绳（包括未展开的缓冲器）的安全带，其单根有效长度不应大于1.2m。

（七）速差自控器

1. 检查要求

（1）产品名称及标记、标准号、制造厂名、生产日期（年、月）及有效期、法律法规要求标注的其他内容等永久标识清晰完整。

（2）速差自控器的各部件完整无缺失、无伤残破损，外观应平滑，无材料和制造缺陷，无毛刺和锋利边缘。

（3）钢丝绳速差器的钢丝应均匀绞合紧密，不得有叠痕、突起、折断、压伤、锈蚀及错乱交叉的钢丝；织带速差器的织带表面、边缘、软环处应无擦破、切口或灼烧等损伤，缝合部位无崩裂现象。

（4）速差自控器的安全识别保险装置——坠落指示器（如有）应未动作。

（5）用手将速差自控器的安全绳（带）快速拉出，速差自控器应能有效制动并完全回收。

2. 使用要求

（1）使用时应认真查看速差自控器防护范围及悬挂要求。

（2）速差自控器应系在牢固的物体上，禁止系挂在移动或不牢固的物件上。不得系在棱角锋利处。速差自控器拴挂时严禁低挂高用。

（3）速差自控器应连接在人体前胸或后背的安全带挂点上，移动时应缓慢，禁止跳跃。

（4）禁止将速差自控器锁止后悬挂在安全绳（带）上作业。

（5）使用时不需添加任何润滑剂。

（6）使用速差自控器时，钢丝绳拉出后工作完毕，收回器内过程中严禁松手。

（八）SF_6气体检漏仪

1. 检查要求

（1）外观良好，仪器完整，仪器名称、型号、制造厂名称、出厂时间、编号等应齐全、清晰；附件齐全。

（2）仪器连接可靠，各旋钮应能正常调节。

（3）通电检查时，外露的可动部件应能正常动作；显示部分应有相应指示；对有真空要求的仪器，真空系统应能正常工作。

2. 使用要求

（1）在开机前，操作者要首先熟悉操作说明，严格按照仪器的开机和关机步骤进行操作。

（2）严禁将探枪放在地上，探枪孔不得被灰尘污染，以免影响仪器的性能。

（3）探枪和主机不得拆卸，以免影响仪器正常工作。

（4）仪器是否正常以自校格数为准。仪器探头已调好，勿自行调节。

（5）注意真空泵的维护保养，注意电磁阀是否正常动作，并检查电磁阀的密封性。

（6）给真空泵换油时，仪器不得带电（要拔掉电源线），以免发生触电事故。

（7）仪器在运输过程中严禁倒置，不可剧烈振动。

（九）含氧量测试仪及有害气体检测仪

1. 检查要求

（1）标识清晰完整，外观完好无破损。

（2）开机后自检功能正常。

2. 使用要求

含氧量测试仪及有害气体检测仪专门用于危险环境和有限、密闭空间的含氧量、有害气体检测，应依据测试仪使用说明书进行操作。

二、绝缘安全工器具

绝缘安全工器具分为基本和辅助两种，其中本书主要涉及基本绝缘安全工器具，基本绝缘安全工器具是指能直接操作带电设备、接触或可能接触带电体的工器具，如电容型验电器、绝缘杆等。

（一）电容型验电器

1. 检查要求

（1）电容型验电器的额定电压或额定电压范围、额定频率（或频率范围）、生产厂名和商标、出厂编号、生产年份、适用气候类型（D、C或G）、检验日期及带电作业用（双三角）符号等标识清晰完整。

（2）验电器的各部件，包括手柄、护手环、绝缘元件、限度标记（在绝缘杆上标注的一种醒目标志，向使用者指明应防止标志以下部分插入带电设备中或接触带电体）和接触电极、指示器和绝缘杆等均应无明显损伤。

（3）绝缘杆应清洁、光滑，绝缘部分应无气泡、皱纹、裂纹、划痕、硬伤、绝缘层脱落、严重的机械或电灼伤痕。伸缩型绝缘杆各节配合合理，拉伸后不应自动回缩。

（4）指示器应密封完好，表面应光滑、平整。

（5）手柄与绝缘杆、绝缘杆与指示器的连接应紧密牢固。

（6）自检三次，指示器均应有视觉和听觉信号出现。

2. 使用要求

（1）验电器的规格必须符合被操作设备的电压等级，使用验电器时，应轻拿轻放。

（2）操作前，验电器杆表面应用清洁的干布擦拭干净，使表面干燥、清洁。并在有电设备上进行试验，确认验电器良好；无法在有电设备上进行试验时可用高压发生器等确证验电器良好。如在木杆、木梯或木架上验电，不接地不能指示者，经运行值班负责人或工作负责人同意后，可在验电器绝缘杆尾部接上接地线。

（3）操作时，应戴绝缘手套，穿绝缘靴。使用抽拉式电容型验电器时，绝缘杆应完全拉开。人体应与带电设备保持足够的安全距离，操作者的手握部位不得越过护环，以保持有效的绝缘长度。

（4）非雨雪型电容型验电器不得在雷、雨、雪等恶劣天气时使用。

（5）使用操作前，应自检一次，声光报警信号应无异常。

（二）携带型短路接地线

1. 检查要求

（1）接地线的厂家名称或商标、产品的型号或类别、接地线横截面积（mm^2）、生产年份及带电作业用（双三角）符号等标识清晰完整。

（2）接地线的多股软铜线截面不得小于 $25mm^2$，其他要求同个人保安接地线。

（3）接地操作杆同绝缘杆的要求。

（4）线夹完整、无损坏，与操作杆连接牢固，有防止松动、滑动和转动的措施。应操作方便，安装后应有自锁功能。线夹与电力设备及接地体的接触面无毛刺，紧固力应不致损坏设备导线或固定接地点。

2. 使用要求

（1）接地线的截面应满足装设地点短路电流的要求，长度应满足工作现场需要。

（2）经验明确无电压后，应立即装设接地线并三相短路（直流线路两极接地线分别直接接地），利用铁塔接地或与杆塔接地装置电气上直接相连的横担接地时，允许每相分别接地，对于无接地引下线的杆塔，可采用临时接地体。

（3）装设接地线时，应先接接地端，后接导线端，接地线应接触良好、连接应可靠，拆除接地线的顺序与此相反，人体不准碰触未接地的导线。

（4）装、拆接地线均应使用满足安全长度要求的绝缘棒或专用的绝缘绳。

（5）禁止使用其他导线作接地线或短路线，禁止用缠绕的方法进行接地或短路。

（6）设备检修时模拟盘上所挂接地线的数量、位置和接地线编号，应与工作票和操作票所列内容一致，与现场所装设的接地线一致。

（三）绝缘杆

1. 检查要求

（1）绝缘杆的型号规格、制造厂名、制造日期、电压等级及带电作业用（双三角）符号等标识清晰完整。

（2）绝缘杆的接头不管是固定式的还是拆卸式的，连接都应紧密牢固，无松动、锈蚀和断裂等现象。

（3）绝缘杆应光滑，绝缘部分应无气泡、皱纹、裂纹、绝缘层脱落、严重的机械或电灼伤痕，玻璃纤维布与树脂间粘接完好不得开胶。

（4）手持部分护套与操作杆连接紧密、无破损，不产生相对滑动或转动。

2. 使用要求

（1）绝缘操作杆的规格必须符合被操作设备的电压等级，切不可任意取用。

（2）操作前，绝缘操作杆表面应用清洁的干布擦拭干净，使表面干燥、清洁。

（3）操作时，人体应与带电设备保持足够的安全距离，操作者的手握部位不得越过护环，以保持有效的绝缘长度，并注意防止绝缘操作杆被人体或设备短接。

（4）为防止因受潮而产生较大的泄漏电流，危及操作人员的安全，在使用绝缘操作杆拉合隔离开关或经传动机构拉合隔离开关和断路器时，均应戴绝缘手套。

（5）雨天在户外操作电气设备时，绝缘操作杆的绝缘部分应有防雨罩，防雨罩的上口应与绝缘部分紧密结合，无渗漏现象，以便阻断流下的雨水，使其不致形成连续的水流柱而大大降低湿闪电压。另外，雨天使用绝缘杆操作室外高压设备时，还应穿绝缘靴。

（四）核相器

1. 检查要求

（1）核相器的标称电压或标称电压范围、标称频率或标称频率范围、能使用的等级（A、B、C或D）、生产厂名称、型号、出厂编号、指明户内或户外形、适应气候类别（D、C或G）、生产日期、警示标记、供电方式及带电作业用（双三角）符号等标识清晰完整。

（2）核相器的各部件，包括手柄、手护环、绝缘元件、电阻元件、限位标记和接触电极、连接引线、接地引线、指示器、转接器和绝缘杆等均应无明显损伤。指示器表面应光滑、平整，绝缘杆内外表面应清洁、光滑，无划痕及硬伤。连接线绝缘层应无破损、老化现象，导线无扭结现象。

（3）各部件连接应牢固可靠，指示器应密封完好。

2. 使用要求

（1）核相器的规格必须符合被操作设备的电压等级，使用核相器时，应轻拿轻放。

（2）操作前，核相器杆表面应用清洁的干布擦拭干净，使表面干燥、清洁。

（3）操作时，人体应与带电设备保持足够的安全距离，操作者的手握部位不得越过护手环，以保持有效的绝缘长度。

（五）绝缘遮蔽罩

1. 检查要求

（1）绝缘遮蔽罩的制造厂名、商标、型号、制造日期、电压等级及带电作业用（双三角）符号等标识清晰完整。

（2）遮蔽罩内外表面不应存在破坏其均匀性、损坏表面光滑轮廓的缺陷，如小孔、裂缝、局部隆起、切口、夹杂导电异物、折缝、空隙及凹凸波纹等。

（3）提环、孔眼、挂钩等用于安装的配件应无破损，闭锁部件应开闭灵活，闭锁可靠。

2. 使用要求

（1）绝缘遮蔽罩应根据使用电压的等级来选择，不得越级使用。

（2）当环境温度为 -25℃~+55℃时，建议使用普通遮蔽罩；当环境温度为 -40℃~+55℃，建议使用C类遮蔽罩；当环境温度为 -10℃~+70℃时，建议使用W类遮蔽罩。

（3）现场带电安放绝缘遮蔽罩时，应按要求穿戴绝缘防护用具。

（六）绝缘隔板

1. 检查要求

（1）绝缘隔板的标识清晰完整。

（2）隔板无老化、裂纹或孔隙。

（3）绝缘隔板一般用环氧玻璃丝板制成，用于10kV电压等级的绝缘隔板厚度不应小于3mm，用于35kV电压等级的绝缘隔板厚度不应小于4mm。

2. 使用要求

（1）装拆绝缘隔板时应与带电部分保持一定距离（符合安全规程的要求），或者使用绝缘工具进行装拆。

（2）使用绝缘隔板前，应先擦拭绝缘隔板的表面，保持表面洁净。

（3）现场放置绝缘隔板时，应戴绝缘手套；如在隔离开关动、静触头之间放置绝缘隔板时，应使用绝缘棒。

（4）绝缘隔板在放置和使用中要防止脱落，必要时可用绝缘绳索将其固定并保证牢靠。

（5）绝缘隔板应使用尼龙等绝缘挂线悬挂，不能使用胶质线，以免在使用中造成接地或短路。

（七）绝缘夹钳

1. 检查要求

（1）绝缘夹钳的型号规格、制造厂名、制造日期、电压等级等标识清晰完整。

（2）绝缘夹钳的绝缘部分应无气泡、皱纹、裂纹、绝缘层脱落、严重的机械或电灼伤痕，玻璃纤维布与树脂间粘接完好不得开胶。握手部分护套与绝缘部分连接紧密、无破损，不产生相对滑动或转动。

（3）绝缘夹钳的钳口动作灵活，无卡阻现象。

2. 使用要求

（1）绝缘夹钳的规格应与被操作线路的电压等级相符合。

（2）操作前，绝缘夹钳表面应用清洁的干布擦拭干净，使表面干燥、清洁。

（3）操作时，应穿戴护目眼镜、绝缘手套和绝缘鞋或站在绝缘台（垫）上，精神集中，保持身体平衡，握紧绝缘夹钳不使其滑脱落下。人体应与带电设备保持足够的安全距离，操作者的手握部位不得越过护环，以保持有效的绝缘长度，并注意防止绝缘夹钳被人体或设备短接。

（4）绝缘夹钳严禁装接地线，以免接地线在空中摆动触碰带电部分造成接地短路和触电事故。

（5）在潮湿天气，应使用专用的防雨绝缘夹钳。

三、登高工器具

登高工器具是用于登高作业、临时性高处作业的工具，包括脚扣、升降板（登高板）、梯子、软梯、快装脚手架及检修平台等。

（一）脚扣

1. 检查要求

（1）标识清晰完整，金属母材及焊缝无任何裂纹和目测可见的变形，表面光洁，边缘呈圆弧形。

（2）围杆钩在扣体内滑动灵活、可靠，无卡阻现象；保险装置可靠，防止围杆钩在扣体内脱落。

（3）小爪连接牢固，活动灵活。

（4）橡胶防滑块与小爪钢板、围杆钩连接牢固，覆盖完整，无破损。

（5）脚带完好，止脱扣良好，无霉变、裂缝或严重变形。

2. 使用要求

（1）登杆前，应在杆根处进行一次冲击试验，无异常方可继续使用。

（2）应将脚扣脚带系牢，登杆过程中应根据杆径粗细随时调整脚扣尺寸。

（3）特殊天气使用脚扣时，应采取防滑措施。

（4）严禁从高处往下扔摔脚扣。

（二）升降板（登高板）

1. 检查要求

（1）标识清晰完整，钩子不得有裂纹、变形和严重锈蚀，心形环完整、下部有插花，绳索无断股、霉变或严重磨损。

（2）踏板窄面上不应有节子，踏板宽面上节子的直径不应大于6mm，干燥细裂纹长不应大于150mm，深不应大于10mm。踏板无严重磨损，有防滑花纹。

（3）绳扣接头每绳股连续插花应不少于4道，绳扣与踏板间应套接紧密。

2. 使用要求

（1）登杆前在杆根处对升降板（登高板）进行冲击试验，判断升降板（登高板）是否有变形和损伤。

（2）升降板（登高板）的挂钩钩口应朝上，严禁反向。

(三) 梯子

1. 检查要求

（1）型号或名称及额定载荷、梯子长度、最高站立平面高度、制造者或销售者名称（或标识）、制造年月、执行标准及基本危险警示标志（复合材料梯的电压等级）应清晰明显。

（2）踏棍（板）与梯梁连接牢固，整梯无松散，各部件无变形，梯脚防滑良好，梯子竖立后平稳，无目测可见的侧向倾斜。

（3）升降梯升降灵活，锁紧装置可靠。铝合金折梯铰链牢固，开闭灵活，无松动。

（4）折梯限制开度装置完整牢固。延伸式梯子操作用绳无断股、打结等现象，升降灵活，锁位准确可靠。

（5）竹木梯无虫蛀、腐蚀等现象。木梯梯梁的窄面不应有节子，宽面上允许有实心的或不透的、直径小于13mm的节子，节子外缘距梯梁边缘应大于13mm，两相邻节子外缘距离不应小于0.9m。踏板窄面上不应有节子，踏板宽面上节子的直径不应大于6mm，踏棍上不应有直径大于3mm的节子。干燥细裂纹长不应大于150mm，深不应大于10mm。梯梁和踏棍（板）连接的受剪切面及其附近不应有裂缝，其他部位的裂缝长不应大于50mm。

（6）单梯在距梯顶1m处应设限高标志。

2. 使用要求

（1）梯子应能承受作业人员及所携带的工具、材料攀登时的总重量。

（2）梯子不得接长或垫高使用。如需接长时，应用铁卡子或绳索切实卡住或绑牢并加设支撑。

（3）梯子应放置稳固，梯脚要有防滑装置。使用前，应先进行试登，确认可靠后方可使用。有人员在梯子上工作时，梯子应有人扶持和监护。

（4）梯子与地面的夹角应为65°至75°之间，工作人员必须在距梯顶1m以下的梯蹬上工作。

（5）人字梯应具有坚固的铰链和限制开度的拉链。

（6）靠在管子上、导线上使用梯子时，其上端需用挂钩挂住或用绳索绑牢。

（7）在通道上使用梯子时，应设监护人或设置临时围栏。梯子不准放在门前使用，必要时采取防止门突然开启的措施。

（8）严禁人在梯子上时移动梯子，严禁上下抛递工具、材料。

（9）在变电站高压设备区或高压室内应使用绝缘材料的梯子，禁止使用金属梯子。搬动梯子时，应放倒两人搬运，并与带电部分保持安全距离。

（四）软梯

1. 检查要求

（1）标志清晰，每股绝缘绳索及每股线均应紧密绞合，不得有松散、分股的现象。

（2）绳索各股及各股中丝线均不应有叠痕、凸起、压伤、背股、抽筋等缺陷，不得有错乱、交叉的丝、线、股。

（3）接头应单根丝线连接，不允许有股接头。单丝接头应封闭于绳股内部，不得露在外面。

（4）股绳和股线的捻距及纬线在其全长上应均匀。

（5）经防潮处理后的绝缘绳索表面应无油渍、污迹、脱皮等。

2. 使用要求

（1）使用软梯进行移动作业时，软梯上只准一人工作。工作人员到达梯头上进行工作和梯头开始移动前，应将梯头的封口可靠封闭，否则应使用保护绳防止梯头脱钩。

（2）在连续档距的导、地线上挂软梯时，其导、地线的截面不得小于：钢芯铝绞线和铝合金绞线 120mm^2；钢绞线 50mm^2（等同 OPGW 光缆和配套的 LGJ 70/40 型导线）。

（3）在瓷横担线路上禁止挂梯作业，在转动横担的线路上挂梯前应将横担固定。

（五）快装脚手架

1. 检查要求

（1）复合材料构件表面应光滑，绝缘部分应无气泡、皱纹、裂纹、绝缘层脱落、明显的机械或电灼伤痕，纤维布（毡、丝）与树脂间黏接完好，不得开胶。

（2）供操作人员站立、攀登的所有作业面应具有防滑功能。

（3）外支撑杆应能调节长度，并有效锁止，支撑脚底部应有防滑功能。

（4）底脚应能调节高低且有效锁止，轮脚均应具有刹车功能，刹车后，脚轮中心应与立杆同轴。

2. 使用要求

（1）在使用前，全面检查已搭建好的脚手架，保证遵循所有的装配须知，保证脚手架的零件没有任何损坏。

（2）当脚手架已经调平且所有脚轮和调节腿已经固定，爬梯、平台板、开口板已钩好，才能爬上脚手架。

（3）当平台上有人和物品时，不要移动或调整脚手架。

（4）可从脚手架的内部爬梯进入平台，或从搭建梯子的梯阶爬入，还可以通过框架的过道进入，或通过平台的开口进入工作平台。

（5）如果在基座部分增加了垂直的延伸装置，必须在脚手架上使用外支撑或加宽工具进行固定。

（6）当平台高度超过1.2m时，必须使用安全护栏。

（7）严禁在脚手架上面使用产生较强冲击力的工具，严禁在大风中使用脚手架，严禁超负荷使用脚手架，严禁在软地面上使用脚手架。

（8）所有操作人员在搭建、拆卸和使用脚手架时，须戴安全帽，系好安全带。

（六）检修平台

1. 检查要求

（1）拆卸型检修平台。

①检修平台的复合材料构件表面应光滑，绝缘部分应无气泡、皱纹、裂纹、绝缘层脱落、明显的机械或电灼伤痕，玻璃纤维布（毡、丝）与树脂间黏接完好，不得开胶。

②检修平台的金属材料零件表面应光滑、平整，棱边应倒圆弧，不应有尖锐棱角，应进行防腐处理（铝合金宜采用表面阳极氧化处理；黑色金属宜采用镀锌处理；可旋转部位的材料宜采用不锈钢）。

③检修平台供操作人员站立、攀登的所有作业面应具有防滑功能。

④梯台型检修平台作业面上方不低于1m的位置应配置安全带或防坠器的悬挂装置，平台上方1050~1200mm处应设置防护栏。

（2）升降型检修平台。

①复合材料构件及作业面要求同拆卸型检修平台。

②起升降作用的牵引绳索（宜采用非导电材料）应无灼伤、脆裂、断股、霉变和扭结。

③升降锁止机构应开启灵活、定位准确、锁止牢固且不损伤横档。

④应装有机械式强制限位器，保证升降框架与主框架之间有足够的安全搭接量。

2. 使用要求

（1）按使用说明书的要求进行操作。

（2）应安装牢固。

（3）出工前、收工后应在安全工器具领出、收回记录中详细记录检修平台编号、领出和收回时间、使用者姓名、检查是否完好等内容。

四、安全围栏（网）和标识牌

安全围栏（网）包括用各种材料做成的安全围栏、安全围网和红布幔，标识牌包括各种安全警告牌、设备标示牌、锥形交通标、警示带等。

第三节　常用工器具的安全使用

一、一般规定

常用工器具的使用应遵守以下安全规定。

（1）机具应由了解其性能并熟悉操作知识的人员操作。各种机具都应由专人进行维护、保管，并应挂安全操作牌。修复后的机具应经试验鉴定合格后方可使用。

（2）机具外露的转动部分应装设保护罩，转动部分应保持润滑。

（3）机具的电压表、电流表、压力表、温度计等监测仪表，以及制动器、限制器、安全阀等安全装置，应齐全、完好。

（4）机具应按其出厂说明书和铭牌的规定使用。使用前应进行检查，不得使用已变形、破损、有故障等不合格的机具。

（5）电动机具应接地良好。

（6）电动机具在运行中不得进行检修或调整。检修、调整或中断使用时，应将其电源断开。不得将机具、附件放在机器或设备上。不得站在移动式梯子上或其他不稳定的地方使用电动机具。

二、砂轮机和砂轮锯

砂轮机、砂轮锯的使用应遵守以下安全规定。

(1) 砂轮机、砂轮锯的旋转方向不得正对其他机器、设备和人。

(2) 严禁使用有缺损或裂纹的砂轮片。砂轮片有效半径磨损到原半径的1/3时，应更换。

(3) 安装砂轮机的砂轮片时，砂轮片两侧应加柔软垫片，严禁重击螺帽。

(4) 安装砂轮锯的砂轮片时，商标纸不宜撕掉。砂轮片轴孔比轴径大0.15mm为宜，夹板不应夹得过紧。

(5) 砂轮机或砂轮锯应装设坚固的防护罩，无防护罩的严禁使用。

(6) 砂轮机或砂轮锯达到额定转速后，才能切削或切割工件。

(7) 砂轮机安全罩的防护玻璃应完整。

(8) 砂轮机应装设托架。托架与砂轮片的间隙应经常调整，最大不得超过3mm。托架的高度应调整到使工件的打磨处与砂轮片中心处在同一平面上。

(9) 使用砂轮机时应站在侧面并戴防护眼镜，不得两人同时使用一个砂轮片进行打磨，不得在砂轮机的砂轮片侧面进行打磨，不得用砂轮机打磨软金属、非金属。

(10) 使用砂轮锯时，工件应牢固夹入工件夹内，工件应垂直于砂轮片的轴向。不得用力过猛或撞击工件，不应使用砂轮锯打磨任何金属及非金属。

三、钻床

钻床的使用应遵守以下安全规定。

(1) 操作人员应穿工作服、扎紧袖口，工作时不得戴手套，头发、发辫应盘入帽内。

(2) 严禁用手拿有冷却液的棉纱冷却转动的工件或钻头。

(3) 严禁直接用手清除钻屑或接触转动部分。

(4) 钻床切削量应适度，不得用力过猛。工件将要钻透时，应适当减少切削量。

(5) 钻具、工件均应固定牢固。薄件和小工件施钻时，不得直接用手扶持。

(6) 大工件施钻时，除用夹具或压板固定外，还应加设支撑。

（7）台钻不应放在地面上工作，应做适当高度的工作台（架）。台钻与工作台（架）应固定牢固，台架下加以配重方能进行工作。

四、电气工具和用具

电动机具的使用应遵守以下安全规定。

（1）电气工具和用具应由专人保管，每6个月应由电气试验单位进行定期检查。使用前应检查电线是否完好，有无接地线，不合格的禁止使用。使用时应按有关规定接好剩余电流动作保护器（漏电保护器）和接地线；使用中发生故障，应立即修复。

（2）使用金属外壳的电气工具时应戴绝缘手套。使用电气工具时，不准提着电气工具的导线或转动部分。在梯子上使用电气工具，应做好防止感电坠落的安全措施。在使用电气工具工作，因故离开工作场所或暂时停止工作以及遇到临时停电时，应立即切断电源。

（3）电动的工具和机具应接地或接零良好。电气工具和用具的电线不准接触热体，不要放在湿地上，并避免载重车辆和重物压在电线上。

（4）移动式电动机械和手持电动工具的单相电源线应使用三芯软橡胶电缆，三相电源线在三相四线制系统中应使用四芯软橡胶电缆，在三相五线制系统中宜使用五芯软橡胶电缆。连接电动机械及电动工具的电气回路应单独设开关或插座，并装设剩余电流动作保护器（漏电保护器），金属外壳应接地。电动工具应做到"一机一闸一保护"。

（5）电动工具使用前应进行下列检查：

①外壳、手柄无裂缝、无破损。

②保护接地线或接零线连接正确、牢固。

③插头、电缆或软线完好。

④开关动作正常。

⑤转动部分灵活。

⑥电气及机械保护装置完好。

（6）长期停用或新领用的电动工具应用500V绝缘电阻表测量其绝缘电阻，如带电部件与外壳之间的绝缘电阻值达不到$2M\Omega$，应进行维修处理。对正常使用的电动工具也应定期测量、检查绝缘电阻值。各类电动机具的绝缘电阻应不小于表1-1规定的数值。

表 1-1　电动机具的绝缘电阻

测量部位	绝缘电阻 /MΩ		
	Ⅰ类工具	Ⅱ类工具	Ⅲ类工具
带电零件与外壳之间	2	7	1

（7）电动工具的电气部分经维修后，应进行绝缘电阻测量及绝缘耐压试验，试验电压为 380V，试验时间为 1min。电动机具的介电强度试验按表 1-2 的要求进行。

表 1-2　电动机具的介电强度试验电压

试验电压的施加部位		试验电压 /V		
^^		Ⅰ类工具	Ⅱ类工具	Ⅲ类工具
带电零件与外壳之间	仅由基本绝缘与带电零件间隔	1250	—	500
	由加强绝缘与带电零件隔离	3750	3750	—

注：波形为正弦波、频率 50Hz 的试验电压施加 1min，不出现绝缘击穿或闪络。

（8）电动机具的操作开关应置于操作人员伸手可及的部位。休息、下班或工作中突然停电时，应切断电源侧开关。

（9）在金属构架上或在潮湿场地上应使用Ⅲ类绝缘的电动工具，并设专人监护。

（10）磁力吸盘电钻的磁盘平面应平整、干净、无锈。进行侧钻或仰钻时，应采取防止失电后钻体坠落的措施。

（11）使用电动扳手时，应将反力矩支点靠牢并确认扣好螺帽后方可启动。

五、弯排机和弯管机

（一）弯排机

弯排机的使用应遵守以下安全规定。

（1）作业台和弯曲机台面要保持水平。

（2）按加工钢筋的直径和弯曲半径的要求装好相应规格的芯轴、成型轴、挡铁轴，芯轴直径应为钢筋直径的 2.5 倍。挡铁轴应有轴套。

（3）检查并确认芯轴、挡铁轴、转轴等无损坏和裂纹，防护罩紧固可靠。经空运转确认正常后，方可作业。

（4）挡铁轴的直径和强度不得小于被弯钢筋的直径和强度。不直的钢筋不得在弯曲机上弯曲。

（5）作业中不应更换轴芯、销子以及变换角度和调速，也不得进行清扫和加油。

（6）弯排机在接好电源的同时应接好接地装置。

（7）检查泵站的液压油是否达到油位，换向阀置于中位，启动后必须空载运转 2~3min 再开始压接运行。

（8）作业时，压模闭合后，换向阀应迅速换到卸压位，以免损坏油缸部件。油缸最大压力不得超过 35MPa。

（9）油缸活塞退回到油缸内的压力不得超过 5MPa。

（10）弯曲铁排应选用合适的压模，严禁弯曲铁排以外的材料。

（11）工作结束应把活塞退回到油缸内，换向阀手柄置中位。

（12）弯排机严禁在露天日晒雨淋，露天作业应做好防护。

（二）弯管机

弯管机的使用应遵守以下安全规定。

（1）弯管机在接好电源的同时接好接地装置。

（2）使用前根据所需要求调好行程开关。

（3）启动电源后，先让弯管机空载运转，待转动正常后方可带负荷工作。

（4）开机运行中，严禁用手脚接触其转动部分。

（5）机器长时间运行，必须定期检查各部件的螺栓、螺帽是否紧固，电源线接线是否松动、脱落。

（6）根据管子直径先选择合适的插孔位置，严禁超范围使用。

（7）工作结束，关闭电源，收好电源线，并注意日常保养，保持设备外观整洁。

（8）弯管机上的液压部分密封可靠，油路工作正常，专人操作，不得用软管拖拉弯管机，作业区域禁止闲人逗留或行走。

（9）拆卸钢管及更换模具时，操作人员应戴手套，以防毛刺伤手。

六、电动液压工具

电动液压工具的使用应遵守以下安全规定。

（1）使用前应检查下列各部件：

①油泵和液压机具应配套。

②各部件应齐全。

③液压油位足够。

④加油通气塞应旋松。

⑤转换手柄应放在零位。

⑥机身应可靠接地。

⑦施压前应将压钳的端盖拧满扣,防止施压时端盖蹦出。

(2)使用快换接头的液压管时,应先将滚花箍向胶管方向拉足后插入本体插座,插入时要推紧,然后将滚花箍紧固。

(3)电动液压工具在接通电源前应先核实电源电压是否符合工具工作电压,电动机的转向应正确。

(4)液压工具操作人员应了解工具性能、操作熟练。使用时应有人统一指挥,专人操作。操作人员之间要密切配合。

(5)夏季使用电动液压工具时应防止暴晒,其液压油油温不得超过65℃。冬季如遇油管冻塞时,不得用火烤解冻。

(6)安装部件时,不得按动手柄的开关。

(7)停止工作、离开现场时应切断电源,并挂上"严禁合闸"警告标志。

(8)液压顶推装置的使用应遵守以下安全规定:

①使用前检查油泵、油管路、密封垫、仪表等工作性能是否正常,滑动面有无障碍,限位装置和安全防护装置是否可靠。

②设置专人操作,禁止油缸超行程使用。检查和观测顶推形成的平衡推进,及时调整偏差。

七、滤油机

滤油机的使用应遵守以下安全规定。

(1)滤油机及油系统的金属管道应采取防静电的接地措施。

(2)滤油设备如采用油加热器时,应先开启油泵、后投加热器;停机时操作顺序相反。

(3)滤油设备应远离火源及烤箱,并有相应的防火措施。

(4)使用真空滤油机时,应严格按照制造厂提供的操作步骤进行。常规的操作步骤按照"水泵—真空泵—油泵—加热器"的顺序开机,停机时的顺序相反。

（5）压力式滤油机停机时，应先关闭油泵的进口阀门。

八、SF_6气体检漏设备

SF_6气体检漏设备的使用应遵守以下安全规定。

（1）户外检测应在天气晴好、气候宜人的环境下进行，严禁在雷雨天进行检测。

（2）户内检测时应先对室内进行强力通风15min，并用检漏仪测量SF_6气体含量并合格（空气中SF_6气体含量小于1000μL/L，即1000ppm）。在室内空气中氧气含量大于18%的环境下才能检测。

（3）检测工作必须有两人以上进行，作业人员必须经专项技术培训，配置和使用必要的安全防护用具。禁止一人进入SF_6室进行检测工作。

（4）检测工作应在正常运行的状态下进行，禁止SF_6设备在操作状态下进行检测工作。

九、SF_6气体回收装置

SF_6气体回收装置的使用应遵守以下安全规定。

（1）户外使用SF_6气体回收装置应在天气晴好、气候宜人的环境下进行，严禁在雷雨天进行SF_6气体回收工作。

（2）户内使用SF_6气体回收装置前应先对室内进行强力通风15min，并用检漏仪测量SF_6气体含量并合格（空气中SF_6气体含量小于1000μL/L，即1000ppm）。在室内空气中氧气含量应大于18%，周围环境相对湿度不大于80%的环境下才能工作。

（3）SF_6气体回收工作必须在两人以上进行，作业人员必须经专项技术培训，应穿着防护服，并根据需要佩戴防毒面具或正压式空气呼吸器。禁止一人进入SF_6室工作。

（4）SF_6气体回收工作应在正常运行的状态下进行，禁止SF_6设备在操作状态下工作。

（5）设备内的SF_6气体不得向大气排放，使用气体回收装置进行SF_6气体回收和对设备充放气时，回收时作业人员应站在上风侧，穿戴防毒面具、眼镜、专用工作服及乳胶手套。

（6）气体回收装置使用后，应对装置用高纯度氮气冲洗3次［压力为

9.8×10^4Pa（1个大气压）]。将清出的吸附剂、金属粉末等废物放入20%氢氧化钠水溶液中浸泡12h后深埋。

（7）工作结束后，检修人员需洗澡，并把用过的工器具、防护用品清洗干净。

十、高空作业车（斗臂车）

1. 一般规定

（1）操作人员必须在取得相关部门的操作培训证书后，方可进行高空作业车的操作。

（2）尽量选择水平又坚固的地面停车，并尽量靠近作业对象停放。若在松软的地面上停车作业，必须铺好垂直支腿垫板后方可进行上部操作。

（3）作业前，必须先将接地线可靠接地。

（4）工作人员进入工作斗后，必须系好安全带，并将安全带的挂钩可靠地挂到安全带挂环上。

（5）工作斗的额定载荷为200kg，严禁工作斗超载作业。

（6）严禁用工作斗装载钢材等重物，并操作工作臂举升重物。

（7）严禁在工作斗上方站人进行工作。

2. 直伸式高空作业车的使用规定

（1）进入工作斗之前，先确认工作斗是否处于水平状态，如果工作斗是倾斜的，请将工作斗调整至水平后再操作。注意工作斗水平调整必须在转台处操作，同时确保工作斗为空载。

（2）在工作斗处操作时，除了停止操作的动作之外，所有动作只有在踩下脚踏开关以后才可以操作。严禁将脚踏开关的踏板用缆绳捆绑起来使之处于"接通"固定状态使用，这样易造成误操作，十分危险。

（3）在进行工作斗的左右移动操作时，应在操作之前确认工作斗周围有无障碍物，确保安全后再缓慢移动。

（4）工作臂在回转之前，必须让工作臂离开工作臂托架，并确认回转工作台周围是否有其他障碍物。

（5）移动操纵杆时，应由慢到快缓慢操作，进行反方向操作时，首先要将操纵杆复位到中间位置，停止运行后，再做反方向的操作。

3. 折叠式高空作业车的使用规定

（1）工作臂在回转之前，必须让工作臂离开工作臂托架，并确认回转工作台周围是否有其他障碍物。

（2）在水平支腿没有完全伸出（水平支腿全伸指示灯不亮）时，工作臂回转动作不能操作。

（3）起升工作斗时，须先升小臂，再升上臂和下臂，交替上升，直至需要的工作高度。

（4）上臂与水平夹角的最大值为70°，当上臂与水平夹角超过70°不能停止动作时，应立即停止作业，并请专业人员检修。

（5）在作业过程中，转台和工作斗支腿接地状态指示灯闪烁、支腿操作阀处接地指示灯闪烁时，表明有一条支腿没有完全接地。此时应注意操作，确认是否超载并操作相应动作使作业半径减少。

（6）起重作业时，应先将小臂、上臂升至相应的位置后再升下臂，伸缩臂动作时必须先将吊钩放至合适的位置，以免扯断钢丝绳。

（7）严禁在超出起重特性曲线设定的范围进行起吊作业，严禁用吊钩横向拖拉重物。

第四节　现场标准化作业指导书（现场执行卡）的编制与应用

编制和执行标准化作业指导书是实现现场标准化作业的具体形式和方法。标准化作业指导书应突出安全和质量两条主线，对现场作业活动的全过程进行细化、量化、标准化，保证作业过程安全和质量处于可控、在控状态，达到事前管理、过程控制的要求和预控目标。现场作业指导书是明确作业计划、准备、实施、总结等环节的具体操作方法、步骤、措施、标准和人员责任，依据工作流程组合成的执行文件。

一、现场标准化作业指导书（现场执行卡）的编制原则和依据

1. 现场标准化作业指导书的编制原则

按照电力安全生产有关法律法规、技术标准、规程规定的要求和《国家

电网公司现场标准化作业指导书编制导则》，作业指导书的编制应遵循以下原则。

（1）坚持"安全第一、预防为主、综合治理"的方针，体现凡事有人负责、凡事有章可循、凡事有据可查、凡事有人监督的"四个凡事"要求。

（2）符合安全生产法规、规定、标准、规程的要求，具有实用性和可操作性。概念清楚、表达准确、文字简练、格式统一，且含义具有唯一性。

（3）现场作业指导书的编制应依据生产计划和现场作业对象的实际，进行危险点分析，制订相应的防范措施。体现对现场作业的全过程控制，体现对设备及人员行为的全过程管理。

（4）现场作业指导书应在作业前编制，注重策划和设计，量化、细化、标准化每项作业内容。集中体现工作（作业）要求具体化、工作人员明确化、工作责任直接化、工作过程程序化，做到作业有程序、安全有措施、质量有标准、考核有依据，并起到优化作业方案，提高工作效率、降低生产成本的作用。

（5）现场作业指导书应以人为本，贯彻安全生产健康环境质量管理体系（SHEQ）的要求，应规定保证本项作业安全和质量的技术措施、组织措施、工序及验收内容。

（6）现场作业指导书应结合现场实际由专业技术人员编写，由相应的主管部门审批，编写、审核、批准和执行应签字齐全。

2. 现场标准化作业指导书的编制依据

（1）安全生产法律法规、标准、规程及设备说明书。

（2）缺陷管理、反措要求、技术监督等企业管理规定和文件。

二、现场标准化作业指导书（现场执行卡）的结构内容及格式

1. 现场标准化作业指导书的结构

现场标准化作业指导书的结构由封面、范围、引用文件、施工前准备、流程图、作业程序及工艺标准、验收记录、指导书执行情况评估和附录9项内容组成。

2. 现场标准化作业指导书的内容格式

（1）封面：由作业名称、编号、编写人及时间、审核人及时间、批准人及时间、作业负责人、作业工期、编写单位8项内容组成。

（2）范围：对作业指导书的应用范围做出具体的规定。

（3）引用文件：明确编写作业指导书所引用的法规、规程、标准、设备说明书及企业管理规定和文件。

（4）施工前准备：由准备工作安排、作业人员要求、备品备件、工器具、材料、定置图及围栏图、危险点分析、安全措施、人员分工9部分组成。其中，"作业人员要求"包括：工作人员的精神状态和工作人员的资格具备（包括作业技能、安全资质和特殊工种资质）。

"危险点分析"包括：作业场地的特点，如带电、交叉作业、高空等可能给作业人员带来的危险因素；工作环境的情况，如高温、高压、易燃、易爆、有害气体、缺氧等，可能给工作人员安全健康造成的危害；施工作业中使用的机械、设备、工具等可能给工作人员带来的危害或设备异常；操作程序、工艺流程颠倒，操作方法的失误等可能给工作人员带来的危害或设备异常；作业人员的身体状况不适、思想波动、不安全行为、技术水平能力不足等可能带来的危害或设备异常；其他可能给作业人员带来危害或造成设备异常的不安全因素等。

"安全措施"包括：各类工器具的使用措施，如梯子、吊车、电动工具等；特殊工作措施，如高处作业、电气焊、油气处理、汽油的使用管理等；交叉作业措施；储压、旋转元件检修措施，如储压器、储能电机等；对危险点、相邻带电部位所采取的措施；施工作业票中所规定的安全措施；规定着装等。

（5）流程图：根据施工设备的结构，将现场作业的全过程以最佳的施工顺序，对施工项目完成时间进行量化，明确完成时间和责任人，而形成的施工流程。

（6）作业程序及工艺标准：由开工、施工电源的使用、动火、施工作业内容和工艺标准、竣工5部分组成。其中，"施工作业内容和工艺标准"包括：按照施工流程图，对每一个作业项目，明确工艺标准、安全措施及注意事项，记录作业结果和责任人等。

（7）验收记录：记录安装中改进和更换的零部件、存在问题及处理意见、施工作业班组验收意见及签字、项目部（队）验收意见及签字、分公司（公司）验收意见及签字等。

（8）指导书执行情况评估：对指导书的符合性、可操作性进行评价；对可操作项、不可操作项、修改项、遗漏项、存在问题做出统计；提出改进意见。

（9）附录：设备主要技术参数、安装调试数据记录。必要时附设备简图说明作业现场情况。

现场标准化作业指导书范例见附录 A。

三、现场标准化作业指导书（现场执行卡）的编制

根据《输变电设备现场标准化作业管理规定》，按照"简化、优化、实用化"的要求，现场标准化作业根据不同的作业类型，采用风险控制卡、工序质量控制卡，重大检修项目应编制施工方案。风险控制卡、工序质量控制卡统称"现场执行卡"。

现场执行卡的编写和使用应遵守以下原则。

（1）符合安全生产法律法规、规定、标准、规程的要求，具有实用性和可操作性。内容应简单、明了、无歧义。

（2）应针对现场和作业对象的实际进行危险点分析，制订相应的防范措施，体现对现场作业的全过程控制，对设备及人员行为实现全过程管理，不能简单照搬照抄范本。

（3）现场执行卡的使用应体现差异化，根据作业负责人技能等级区别使用不同级别的现场执行卡。

（4）应重点突出现场安全管理，强化作业中工艺流程的关键步骤。

（5）原则上，凡使用施工作业票或工作票的改扩建工程作业，应同时对应每份施工作业票或工作票编写和使用一份现场执行卡。对于部分作业指导书包含的复杂作业，也可根据现场实际需要对应一份或多份现场执行卡。

（6）涉及多专业的作业，各有关专业要分别编制和使用各自专业的现场执行卡，现场执行卡在作业程序上应能实现相互之间的有机结合。

变电一次安装现场执行卡采用分级编制的原则，根据作业负责人的技能水平和工作经验使用不同等级的现场执行卡。设定作业负责人等级区分办法，根据各作业负责人的技能等级和工作经验及能力综合评定，每年审核下发负责人等级名单。作业负责人应依据单位认定的技能等级采用相应的现场执行卡。

四、现场标准化作业指导书（现场执行卡）的应用

现场标准化作业对列入生产计划的各类现场作业均必须使用经过批准的现场标准化作业指导书（现场执行卡）。各单位在遵循现场标准化作业基本原则的基础上，根据实际情况对现场标准化作业指导书（现场执行卡）的使用做出明确规定，并采用必要的方便现场作业的措施。

（1）使用现场标准化作业指导书（现场执行卡）前，必须对作业人员进行专题学习和培训，保证作业人员熟练掌握作业程序和各项安全、质量要求。

（2）在现场作业实施过程中，施工负责人对现场标准化作业指导书（现场执行卡）按作业程序的正确执行负全面责任。施工负责人应亲自或指定专人按现场执行步骤填写、逐项打钩和签名，不得跳项和漏项，并做好相关记录。有关人员必须履行签字手续。

（3）依据现场标准化作业指导书（现场执行卡）工作过程中，如发现与现场实际相关图纸及有关规定不符等情况，应立即停止工作，作业施工负责人根据现场实际情况及时修改现场标准化作业指导书（现场执行卡），履行审批手续并做好记录后，作业人员按修改后的指导书继续工作。

（4）依据现场标准化作业指导书（现场执行卡）工作过程中，如发现设备存在事先未发现的缺陷和异常，作业人员应立即汇报工作负责人，并进行详细分析，确定处理意见，并经现场标准化作业指导书（现场执行卡）审批人同意后，方可进行下一项工作。设备缺陷或异常情况及处理结果，应详细记录在现场标准化作业指导书（现场执行卡）中。作业结束后，现场标准化作业指导书（现场执行卡）的审批人应履行补签字手续。

（5）作业完成后，施工负责人应对现场标准化作业指导书（现场执行卡）的应用情况做出评估，明确修改意见并在作业完工后及时反馈给现场标准化作业指导书（现场执行卡）的编制人。

（6）设备发生变更时，应根据现场实际情况修改现场标准化作业指导书，并履行审批手续。

（7）对大型、复杂、不常进行、危险性较大的作业，应编制风险控制卡、工序质量控制卡和施工方案，并同时使用作业指导书。

（8）对危险性相对较小的作业、规模一般的作业、单一设备的简单和常规作业、作业人员较熟悉的作业，应在对作业指导书充分熟悉的基础上，编

制和使用现场执行卡。

五、现场标准化作业指导书（现场执行卡）的管理

标准化作业应按分层管理原则对现场标准化作业指导书（现场执行卡）明确归口管理部门。公司各单位应明确现场标准化作业指导书（现场执行卡）管理的负责人、专责人，负责现场标准化作业的严格执行。

（1）现场标准化作业指导书一经批准，不得随意更改。如因现场作业环境发生变化、指导书与实际不符等情况需要更改时，必须立即修订并履行相应的批准手续后才能继续执行。

（2）执行过的现场标准化作业指导书（现场执行卡）应经评估、签字、主管部门审核后存档。

（3）现场标准化作业指导书实施动态管理。应及时进行检查总结、补充完善。作业人员应及时填写使用评估报告，评价指导书的针对性、可操作性，提出改进意见，并结合实际进行修改。工作负责人和归口管理部门应对作业指导书的执行情况进行监督检查，并定期对作业指导书及其执行情况进行评估，将评估结果及时反馈给编写人员，以指导作业指导书的日后编写。

（4）积极探索，采用现代化的管理手段，开发现场标准化作业管理软件，逐步实现现场标准化作业信息网络化。

第五节　施工作业的基本安全要求

一、起重作业

1. 起重作业的基本安全要求

（1）项目管理实施规划中应有机械配置、大型吊装方案及各项起重作业的安全措施。

（2）起重机械拆装时应编制专项安全施工方案。

（3）特殊环境、特殊吊件等施工作业应编制专项安全施工方案或专项安全技术措施，必要时还应经专家论证。

（4）起重机械操作人员应持证上岗，建立起重机械操作人员台账，并进

行动态管理。

（5）起重作业应由专人指挥，分工明确。

（6）重大物件的起重、搬运作业应由有经验的专人负责。

（7）每次换班或每个工作日的开始，对在用起重机械，应按其类型针对与该起重机械适合的相关内容进行日常检查。

（8）起重作业前应进行安全技术交底，使全体人员熟悉起重搬运方案和安全措施。

（9）操作人员在作业前应对作业现场环境、架空电力线以及构件重量和分布等情况进行全面了解。

（10）操作人员应按规定的起重性能作业，禁止超载。

（11）起重机械使用前应经检验检测机构监督检验合格并在有效期内。

（12）起重机械的各种监测仪表以及制动器、限位器、安全阀、闭锁机构等安全装置应完好齐全、灵敏可靠，不得随意调整或拆除。禁止利用限制器和限位装置代替操纵机构。

（13）各类起重机械应装有音响清晰的喇叭、电铃或汽笛等信号装置。在起重臂、吊钩、平衡臂等转动体上应标以鲜明的色彩标志。

（14）起重机械使用单位对起重机械安全技术状况和管理情况应进行定期或专项检查，并指导、追踪、督查缺陷整改。

（15）操作室内禁止堆放有碍操作的物品，非操作人员禁止进入操作室。起重作业应划定作业区域并设置相应的安全标志，禁止无关人员进入。

（16）露天有六级及以上大风或大雨、大雪、大雾、雷暴等恶劣天气时，应停止起重吊装作业。雨雪过后作业前，应先试吊，确认制动器灵敏可靠后方可作业。

（17）在高寒地带施工的设备应按规定定期更换冬、夏季传动液压油、发动机油和齿轮油等，保证油质能满足其使用条件。

（18）起吊物体应绑扎牢固，吊钩应有防止脱钩的保险装置。若物体有棱角或特别光滑的部位时，在棱角和滑面与绳索（吊带）接触处应加以包垫。起重吊钩应挂在物件的重心线上。

（19）含瓷件的组合设备不得单独采用瓷质部件作为吊点，产品特别许可的小型瓷质组件除外。瓷质组件吊装时应使用不危及瓷质安全的吊索，如尼龙吊带等。

（20）起重指挥要求：

①起重吊装作业的指挥人员、司机和安拆人员等应持证上岗，作业时应与操作人员密切配合，执行规定的指挥信号。

②起重指挥信号应简明、统一、畅通。

③操作人员应按照指挥人员的信号进行作业，当信号不清或错误时，操作人员可拒绝执行。

④操作室远离地面的起重机械，在正常指挥发生困难时，地面及作业层（高空）的指挥人员均应采用对讲机等有效的通信联络方式进行指挥。

2. 流动式起重机的使用

（1）在带电设备区域内使用汽车吊、斗臂车时，车身应使用不小于 16mm^2 的软铜线可靠接地。在道路上施工应设围栏，并设置适当的警示标志牌。

（2）起重机停放或行驶时，其车轮、支腿或履带的前端、外侧与沟、坑边缘的距离不得小于沟、坑深度的 1.2 倍，否则应采取防倾、防坍塌措施。

（3）作业时，起重机应置于平坦、坚实的地面上，机身倾斜度不准超过制造厂的规定。不准在暗沟、地下管线等上面作业；不能避免时，应采取防护措施，不准超过暗沟、地下管线允许的承载力。

（4）作业时，起重机臂架、吊具、辅具、钢丝绳及吊物等与架空输电线及其他带电体的最小安全距离不得小于表1-3的规定，且应设专人监护。如小于表1-3、大于表1-4中规定的安全距离时，应制定防止误碰带电设备的安全措施，并经本单位分管生产的领导（总工程师）批准。小于表1-4的安全距离时，应停电作业。

表1-3 施工机械操作正常活动范围与带电体的最小安全距离

电压等级 /kV	<1	1~10	35~66	110	220	330	500
最小安全距离 /m	1.5	3	4	5	6	7	8.5

表1-4 设备不停电时的安全距离

电压等级 /kV	安全距离 /m	电压等级 /kV	安全距离 /m
10及以下（13.8）	0.7	330	4
20、35	1	500	5
66、110	1.5	750	7.2
220	3	1000	8.7

续表

电压等级 /kV	安全距离 /m	电压等级 /kV	安全距离 /m
±50 及以下	1.5	±660	8.4
±400	5.9	±800	9.3
±500	6		

注1：±400kV 数据是按海拔 3000m 校正的，海拔 4000m 时安全距离为 6m。
注2：750kV 数据是按海拔 2000m 校正的，其他等级数据按海拔 1000m 校正。
注3：表 1-4 中未列电压等级按高一档电压等级的安全距离执行。

（5）长期或频繁地靠近架空线路或其他带电体作业时，应采取隔离防护措施。

（6）汽车起重机行驶时，应将臂杆放在支架上，吊钩挂在挂钩上并将钢丝绳收紧。禁止上车操作室坐人。

（7）汽车起重机及轮胎式起重机作业前应支好全部支腿，方可进行其他操作。作业完毕后，应先将臂杆放在支架上，然后方可起腿。汽车式起重机除设计具有吊物行走性能者外，均不得吊物行走。

（8）汽车吊试验应遵守 GB 5905《起重机试验、规范和程序》，维护与保养应遵守 ZBJ 80001《汽车起重机和轮胎起重机维护与保养》的规定。

（9）高空作业车（包括绝缘型高空作业车、车载垂直升降机）应按 GB/T 9465—2018《高空作业车》标准进行试验、维护与保养。

3. 配合起重施工人员的职责及要求

（1）当多人绑挂同一负载时，施工人员在绑挂好各自负责的吊点后应认真检查，确认无误后应及时向指挥人员汇报。

（2）吊索不得与吊物的棱角直接接触，应在棱角处垫半圆管、木板或其他柔软物。

（3）起重施工人员应听从指挥人员的正确指挥，负责做好各自范围内的起重工作，及时向指挥人员报告工作情况。

二、运输、装卸作业

1. 机动车运输

（1）机动车辆运输应按《中华人民共和国道路交通安全法》的有关规定执行。车上应配备灭火器。

（2）重要物资运输前应事先对道路进行勘察，需要加固整修的道路应及时处理。

（3）路面水深超过汽车排气管时，不得强行通过；在泥泞的坡路或冰雪路面上应缓行，车轮应装防滑链；冬季车辆过冰河时，应根据当地气候情况和河水冰冻程度决定是否行车，不得盲目过河。车辆通过渡口时，应遵守轮渡安全规定，听从渡口工作人员的指挥。

（4）载货机动车除押运和装卸人员外，不得搭乘其他人员。

（5）装运超长、超高或重大物件时应遵守下列规定：

①物件重心与车厢承重中心应基本一致。

②易滚动的物件顺其滚动方向应掩牢并捆绑牢固。

③用超长架装载超长物件时，在其尾部应设警告标志；超长架与车厢固定，物件与超长架及车厢应捆绑牢固。

④押运人员应加强途中检查，捆绑松动应及时加固。

（6）运输电缆盘时，盘上的电缆头应固定牢固，应有防止电缆盘在车、船上滚动的措施。卸电缆盘不能从车、船上直接推下。滚动电缆盘的地面应平整，滚动电缆盘应顺着电缆缠紧方向，破损的电缆盘不应滚动。电缆盘放置时应立放，并采取防止滚动措施。

2. 水上运输

（1）水上运输应遵守水运管理部门或海事管理机构的有关规定。

（2）承担运输任务的船舶应安全可靠，船舶上应配备救生设备，并签订安全协议。

（3）运输前，应根据水运路线、船舶状况、装卸条件等制定合理的运输方案，装卸笨重物件或大型施工机械应制定专项装卸运输方案，禁止船舶超载。

（4）入舱的物件应放置平稳，易滚、易滑和易倒的物件应绑扎牢固。

（5）用船舶接送作业人员应遵守下列规定：

①禁止超载超员。

②船上应配备合格齐备的救生设备。

③乘船人员应正确穿戴救生衣，掌握必要的安全常识，会熟练使用救生设备。

④船上禁止搭载和存放易燃易爆物品。

（6）遇有洪水或者大风、大雾、大雪等恶劣天气，应停止水上运输。

3. 人力运输和装卸

（1）人力运输的道路应事先清除障碍物；山区抬运笨重物件或钢筋混凝土电杆的道路，其宽度不宜小于1.2m，坡度不宜大于1：4。如不满足要求，应采取有效的方案作业。

（2）重大物件不得直接用肩扛运；多人抬运时应步调一致，同起同落，并应有人指挥。

（3）运输用的工器具应牢固可靠，每次使用前应认真检查。

（4）雨雪后抬运物件时，应有防滑措施。

（5）用跳板或圆木装卸滚动物件时，应用绳索控制物件。物件滚落前方禁止有人。

（6）钢筋混凝土电杆卸车时，车辆不得停在有坡度的路面上。每卸一根，其余电杆应掩牢；每卸完一处，剩余电杆绑扎牢固后方可继续运输。

（7）货运汽车挂车、半挂车、平板车、起重车、自动倾卸车和拖拉机挂车车厢内禁止载人。

三、交叉作业

（1）作业前，应明确交叉作业各方的施工范围及安全注意事项；垂直交叉作业，层间应搭设严密、牢固的防护隔离设施，或采取防高处落物、防坠落等防护措施。

（2）施工中应尽量减少立体交叉作业。必须交叉时，应事先组织交叉作业各方，明确各自的施工范围及安全注意事项。各工序应密切配合，施工场地尽量错开，减少干扰。无法错开的垂直交叉作业，层间应搭设严密、牢固的防护隔离设施。

（3）交叉作业场所的通道应保持畅通，有危险的出入围栏并悬挂安全标志。

（4）交叉施工时，作业现场应设置专责监护人，上层物件未固定前，下层应暂停作业。工具、材料、边角余料等不得上下抛掷，不得在吊物下方接料或停留。

（5）交叉作业场所应保持充足光线。

四、高处作业

1. 一般注意事项

（1）按照 GB 3608—2008《高处作业分级》的规定，凡在坠落高度基准面

2m及以上（含2m）的可能坠落的高处进行的作业，都应视作高处作业。高处作业应设专责监护人。

（2）物体不同高度的可能坠落范围半径见表1-5。

表1-5　不同高度的可能坠落范围半径

作业高度 h_w/m	$2 \leq h_w \leq 5$	$5 < h_w \leq 15$	$15 < h_w \leq 30$	$h_w > 30$
可能坠落范围半径/m	3	4	5	6

注1：通过可能坠落范围内最低处的水平面称为"坠落高度基准面"。

注2：作业区各作业位置至相应坠落高度基准面的垂直距离中的最大值称为"作业高度"，用 h_w 表示。

注3：可能坠落范围半径为确定可能坠落范围而规定的相对于作业位置的一段水平距离。

（3）高处作业的人员应每年体检一次。患有不宜从事高处作业病症的人员，不得参加高处作业。

（4）高处作业人员应衣着灵便，衣袖、裤脚应扎紧，穿软底防滑鞋，并正确佩戴个人防护用具。

（5）高处作业人员应正确使用安全带，宜使用全方位防冲击安全带，从事杆塔组立、脚手架施工等高处作业时，应采用速差自控器等后备保护设施。安全带及后备防护设施应高挂低用。高处作业过程中，应随时检查安全带绑扎的牢靠情况。

（6）安全带使用前应检查其是否在有效期，是否有变形、破裂等情况，禁止使用不合格的安全带。

（7）特殊高处作业宜设有与地面联系的信号或通信装置，并由专人负责。

（8）遇有六级及以上的大风以及暴雨、雷电、冰雹、大雾、沙尘暴等恶劣天气下，应停止露天高处作业。特殊情况下，确需在恶劣天气进行抢修的，应组织人员充分讨论必要的安全措施，经本单位批准后方可进行。

（9）高处作业下方危险区内禁止人员停留或穿行，高处作业的危险区应设围栏及"禁止靠近"的安全标志牌。

（10）高处作业的平台、走道、斜道等应装设不低于1.2m高的护栏（0.5~0.6m处设腰杆），并设180mm高的挡脚板。

（11）在夜间或光线不足的地方进行高处作业，应设充足的照明。

（12）高处作业地点、各层平台、走道及脚手架上堆放的物件不得超过允许载荷，施工用料应随用随吊。禁止在脚手架上使用临时物体（箱子、桶、板等）作为补充台架。

（13）高处作业所用的工具和材料应放在工具袋内或用绳索拴在牢固的构件上，较大的工具应系保险绳。上下传递物件时应使用绳索，不得抛掷。

（14）高处作业时，各种工件、边角余料等应放置在牢靠的地方，并采取防止坠落的措施。

（15）高处焊接作业时应采取措施防止安全绳（带）损坏。

（16）高处作业人员上下杆塔等设施应沿脚钉或爬梯攀登，在攀登或转移作业位置时不得失去保护。杆塔上水平转移时应使用水平绳或设置临时扶手，垂直转移时应使用速差自控器或安全自锁器等装置。禁止使用绳索或拉线上下杆塔，不得顺杆或单根构件下滑或上爬。杆塔设计时应提供安全保护设施的安装用孔。

（17）下脚手架应走斜道或梯子，不得沿绳、脚手立杆或横杆等攀爬。

（18）攀登无爬梯或无脚钉的杆塔等设施应使用相应工具，多人沿同一路径上下同一杆塔等设施时应逐个进行。

（19）在电杆上作业前应检查电杆及拉线埋设是否牢固、强度是否足够，并应选用适合于杆型的脚扣，系好安全带。在构架及电杆上作业时，地面应有专人监护、联络。用具应按《安规》规定定期检查和试验。

（20）高处作业区附近有带电体时，传递绳应使用干燥的绝缘绳。

（21）霜冻、雨雪后进行高处作业，人员应采取防冻和防滑措施。

（22）当气温低于 $-10℃$，进行露天高处作业时，施工场所附近宜设取暖休息室，并采取防火和防止一氧化碳中毒措施。

（23）在轻型或简易结构的屋面上作业时，应有防止坠落的可靠措施。

（24）在屋顶及其他危险的边沿作业，临空面应装设安全网或防护栏杆，施工作业人员应使用安全带。

（25）高处作业人员不得坐在平台、孔洞边缘，不得骑坐在栏杆上，不得站在栏杆外作业或凭借栏杆起吊物件。

（26）高空作业车（包括绝缘型高空作业车、车载垂直升降机）和高处作业吊篮应分别按 GB/T 9465—2018《高空作业车》和 GB/T 19155—2017《高处作业吊篮》的规定使用、试验、维护与保养。

（27）自制的汽车吊高处作业平台，应经计算、验证，并制定操作规程，施工单位分管领导批准后方可使用。使用过程中应定期检查、维护与保养，并做好记录。

2. 梯子的使用规定

（1）移动式梯子宜用于高度在 4m 以下，且短时间内可完成的工作。梯子应有专人负责保管、维护及修理；梯子使用前应检查并贴检查合格标签。

（2）梯子搁置应稳固，与地面的夹角以 65°至 75°之间为宜。硬质梯子的横档应嵌在支柱上，梯阶的距离不应大于 400mm，并在距梯顶 1m 处设限高标志。梯脚应有可靠的防滑措施，梯子的支柱应能承受施工人员及所携带工具、材料的总重量。梯子的顶端与构筑物应靠牢。在松软的地面上使用梯子时，应有防陷、防侧倾的措施。

（3）上下梯子时应面部朝内，不应手拿工具或器材，在梯子上工作应备工具袋。

（4）两人不应站在同一个梯子上工作，梯子的最高两档不得站人。

（5）梯子不得垫高使用，不宜绑接使用。确需接长时，应用铁卡子或绳索切实卡住或绑牢并加设支撑，接头不得超过一处，连接后梯梁的强度不应低于单梯梯梁的强度。

（6）严禁在悬挂式吊架上搁置梯子。

（7）梯子不能稳固搁置时，应设专人扶持或用绳索将梯子下端与固定物绑牢，并做好防止落物伤人的安全措施。

（8）在通道上使用梯子时，应设专人监护或设置临时围栏。

（9）梯子放在门前使用时，应有防止门被突然开启的措施。

（10）梯子上有人时，严禁移动梯子。

（11）在转动机械附近使用梯子时，应采取隔离防护措施。

（12）梯子靠在管子上使用时，其上端应有挂钩或用绳索绑牢。

（13）长度在 4m 以上的梯子，应至少由两人搬运。在设备区及屋内应放倒平运。

（14）人字梯应有坚固的铰链和限制开度（30°~60°）的拉链。

（15）使用铝合金升降梯时，应遵守下列规定：

①使用前应细致检查上下滑轮及控制爪是否灵活可靠，滑轮轴有无磨损。

②梯子升出后，升降拉绳应牢固可靠绑扎在梯子下部。

③在带电区作业，严禁使用金属梯子。

五、动火作业

（1）动火作业是指能直接或间接产生明火的作业，包括熔化焊接、切割、喷枪、喷灯、钻孔、打磨、锤击、破碎、切削等。在防火重点部位或场所以及禁止明火区动火作业，应严格执行 DL 5027《电力设备典型消防规程》的有关规定，填用动火工作票。

（2）可以采用不动火的方法替代而能够达到同样效果时，尽量采用替代的方法处理。

（3）动火区域中有条件拆下的构件如油管、阀门等，应拆下来移至安全场所。

（4）尽可能地把动火时间和范围压缩到最低限度。

（5）凡盛有或盛过易燃易爆等化学危险物品的容器、设备、管道等生产、储存装置，在动火作业前应将其与生产系统彻底隔离，并进行清洗置换，检测可燃气体、易燃液体的可燃蒸气含量合格后，方可动火作业。

（6）动火作业应有专人监护，动火作业前应清除动火现场及周围的易燃物品，或采取其他有效的防火安全措施，配备足够适用的消防器材。

（7）动火作业现场的通排风应良好，以保证泄漏的气体能顺畅排走。

（8）动火作业间断或终结后，应清理现场，确认无残留火种后，方可离开。

（9）下列情况禁止动火：

①压力容器或管道未泄压前。

②存放易燃易爆物品的容器未清洗干净前或未进行有效置换前。

③风力达五级以上的露天作业。

④喷漆现场。

⑤遇有火险异常情况未查明原因和消除前。

六、构支架安装

1. 一般规定

（1）现场钢构支架、水泥杆堆放不得超过三层，堆放地面应平整坚硬，杆段下面应多点支垫，两侧应掩牢。

（2）人力移动杆段时，应动作协调，滚动前方不得有人。杆段横向移动时，应及时将支垫处用木楔掩牢。

（3）利用棍、撬杠拨杆段时，应防止滑脱伤人。水泥杆不得利用铁撬棍插入预留孔转动杆身。

（4）每根杆段应支垫两点，支垫处两侧应用木楔掩牢，防止滚动。

（5）横梁、构支架组装时应设专人指挥，作业人员配合一致，防止挤伤手脚。

2. 构支架搬运

（1）钢构支架、水泥杆在现场倒运时，宜采用起重机械装卸，装卸时应控制杆段方向。装车后应绑扎、楔牢，防止滚动、滑脱，并不得采用直接滚动方法卸车。

（2）运输重量大、尺寸大、集中排组焊的钢管构架，车辆上应设置支撑物，且应牢固可靠。车辆行驶应平稳、缓慢。

（3）构架摆好后应绑扎牢固，确保车辆行驶中架构不发生摇晃。

3. 构支架吊装

（1）吊装工作开始前，应制定施工方案及安全施工措施，经审查批准后方可施工。

（2）固定构架的临时拉线应满足下列规定：

①应使用钢丝绳，不得使用白棕绳等。

②绑扎工作应由技工担任。

③构架临时拉线不得少于4根。

④固定在同一个临时地锚上的拉线最多不超过2根。

（3）起吊过程中，吊装作业应有专人负责、统一指挥，各个临时拉线应设专人松紧，各个受力地锚应有专人看护，做到动作协调。

（4）吊件离地面100mm时，应停止起吊，全面检查确认无问题后，方可继续起吊，起吊应平稳。

（5）吊装中引杆段进杯口时，撬棍应反撬。

（6）在杆根部及临时拉线未固定好之前，不得登杆作业。

（7）起吊横梁时，在吊点处应对吊带或钢丝绳采取防磨损措施，并应在横梁两端分别系控制绳，控制横梁方位。

（8）横梁就位时，构架上的施工人员严禁站在节点顶上；横梁就位后，应及时固定。

（9）在杆根没有固定好之前及二次浇灌混凝土未达到规定的强度时，不得拆除临时拉线。

（10）构支架组立完成后，应及时将构支架进行接地。接地网未形成的施工现场，应增设临时接地装置。

（11）吊装前应装设水平保护绳和垂直保护绳，登高作业人员应使用攀登自锁器。

（12）格构式构架柱吊装作业应严格按照专项施工方案选择吊点，应对吊点位置进行检查。

七、电气设备安装

（一）变压器

1. 油浸变压器、电抗器、互感器安装

（1）110kV 及以上或容量 30MVA 及以上的油浸变压器、电抗器安装前应依据安装使用说明书编写安全技术措施，并进行交底。

（2）充氮变压器、电抗器未充分排氮（其气体含氧密度未达到18%及以上时），严禁施工人员入内。充氮变压器注油排氮时，任何人不得在排气孔处停留。

（3）进行变压器、电抗器内部作业时，通风和安全照明应良好，并设专人监护；作业人员应穿无纽扣、无口袋的工作服、耐油防滑靴等专用防护用品；带入的工具应拴绳、登记、清点，严防工具及杂物遗留在器身内。

（4）油浸变压器、电抗器在放油及滤油过程中，外壳、铁芯、夹件及各侧绕组应可靠接地，储油罐和油处理设备应可靠接地，防止静电火花。

（5）按生产厂家技术文件要求吊装套管。

（6）110kV 及以上变压器、电抗器吊芯或吊罩检查应满足下列要求：

①变压器、电抗器吊罩（吊芯）方式应符合规范及产品技术要求。

②外罩（芯部）应落地放置在外围干净支垫上，如外罩受条件限制需要在芯部上方进行芯部检查，芯部铁芯上需要采用干净垫木支撑，并在起吊装置采取安全保护措施后再开始芯部检查作业。

③变压器、电抗器吊罩检查时，应移开外罩并放置干净垫木上，再开始芯部检查工作。吊罩时四周均应设专人监护，外罩不得碰及芯部任何部位。芯部检查作业过程禁止攀登引线木架上下，梯子不应直接靠在线圈或引线上。

（7）变压器、电抗器吊芯或吊罩时应起落平稳。

（8）外罩法兰螺栓应对称均匀地松紧。

（9）检查大型变压器、电抗器芯子时，应搭设脚手架，严禁攀登引线木架上下。如用梯子上下时，梯子不应直接靠在线圈或引线上。

（10）储油和油处理设备应可靠接地，防止静电火花。现场应配备足够可靠的消防器材，并制定明确的消防责任制，场地应平整、清洁，10m范围内不得有火种及易燃易爆物品。

（11）变压器附件有缺陷需要进行焊接处理时，应制定动火作业安全措施。

（12）变压器引线焊接不良需在现场进行补焊时，应采取绝热和隔离等防火措施。

（13）对已充油的变压器、电抗器的微小渗漏允许补焊，应开具动火工作票，并遵守下列规定：

①变压器、电抗器的油面呼吸畅通。

②焊接部位应在油面以下。

③应采用气体保护焊或断续的电焊。

④焊点周围油污应清理干净。

⑤应有妥善的安全防火措施，并向全体参加人员进行安全技术交底。

（14）瓷套型互感器注油时，其上部金属帽应接地。

（15）储油罐应可靠接地，防止静电产生火花。

（16）变压器、电抗器带电前本体外壳及接地套管等附件应可靠接地，电流互感器备用二次端子应短接接地，全部电气试验合格。

2. 变压器干燥

（1）变压器进行干燥前应制定安全技术措施及必要的管理制度。

（2）干燥变压器使用的电源容量及导线规格应经计算，电源应有保障措施，电路中应装设继电保护装置。

（3）干燥变压器时，应根据干燥的方式，在相应位置装设测温装置（温度计），但不应使用水银温度计。

（4）干燥变压器应设值班人员和必要的监视设备，并按照要求做好记录。

（5）采用短路干燥时，短路线应连接牢固，并采取措施防止触电。采用涡流干燥时,应使用绝缘线;连接及干燥过程应采取措施防止触电事故。

(6)使用外接电源进行干燥时,变压器外壳应接地。

(7)干燥过程变压器外壳应可靠接地。

(8)干燥变压器现场不得放置易燃物品,应配备足够的消防器材。

(二)断路器、隔离开关、组合电器安装

(1)110kV及以上断路器、隔离开关、组合电器安装前应依据安装使用说明书编写施工安全技术措施。

(2)在下列情况下不得搬运开关设备:

①隔离开关、闸刀型开关的刀闸处在断开位置时。

②断路器、传动装置以及有返回弹簧或自动释放的开关,在合闸位置和未锁好时。

(3)封闭式组合电器在运输和装卸过程中不得倒置、倾翻、碰撞和受到剧烈的振动。制造厂有特殊规定标记的,应按制造厂的规定装运。瓷件应安放妥当,不得倾倒、碰撞。

(4)SF_6气瓶的搬运和保管,应符合下列要求:

①SF_6气瓶的安全帽、防震圈应齐全,安全帽应拧紧。搬运时应轻装轻卸,禁止抛掷、溜放。

②SF_6气瓶应存放在防晒、防潮和通风良好的场所,不得靠近热源和油污的地方,水分和油污不应粘在阀门上。

③SF_6气瓶不得与其他气瓶混放。

(5)在调整、检修断路器设备及传动装置时,应有防止断路器意外脱扣伤人的可靠措施,施工人员应避开断路器可动部分的动作空间。

(6)对于液压、气动及弹簧操作机构,严禁在有压力或弹簧储能的状态下进行拆装或检修工作。

(7)放松或拉紧断路器的返回弹簧及自动释放机构弹簧时,应使用专用工具,不得快速释放。

(8)凡可慢分慢合的断路器,初次动作时应按照厂家技术文件要求进行。空气断路器初次试动作时,应从低气压作起。施工人员应与被试开关保持一定的安全距离或设置防护隔离设施。

(9)断路器操作时,应事先通知高处作业人员及附近作业人员。

(10)隔离开关采用三相组合吊装时,应检查确认框架强度符合起吊

（11）隔离开关安装时，在隔离刀刃及动触头横梁范围内不得有人作业。必要时应在开关可靠闭锁后方可进行作业。

（12）SF_6组合电器安装过程中的平衡调节装置应检查完好，临时支撑应牢固。

（13）在SF_6电气设备上及周围的作业应遵守下列规定：

①在室内充装SF_6气体时，周围环境相对湿度应不大于80%，同时应开启通风系统，作业区空气中SF_6气体含量不得超过1000μL/L。

②作业人员进入含有SF_6电气设备的室内时，入口处若无SF_6气体含量显示器，应先通风15min，并检测SF_6气体含量是否合格，禁止单独进入SF_6配电装置室内作业。

③进入SF_6电气设备低位区域或电缆沟作业时，应先检测含氧量（不低于18%）和SF_6气体含量（不超过1000μL/L）是否合格。

④在打开充气设备密封盖作业前，应确认内部压力已经全部释放。

⑤取出SF_6断路器、组合电器中的吸附物时，应使用防护手套、护目镜及防毒口罩、防毒面具（或正压式空气呼吸器）等个人防护用品，清出的吸附剂、金属粉末等废物应按照规定进行处理。

⑥在设备额定压力为0.1MPa及以上时，压力瓷套周围不应进行有可能碰撞瓷套的作业，否则应事先对瓷套采取保护措施。

⑦断路器未充气到额定压力状态不应进行分、合闸操作。

（14）SF_6气体回收、抽真空及充气作业应遵守下列规定：

①对SF_6断路器、组合电器进行充气时，其容器及管道应干燥，作业人员应戴手套和口罩，并站在上风口。

②取出SF_6断路器、组合电器中的吸附物时，作业人员应戴防毒面具（或正压式空气呼吸器）和防护手套等个人防护用品。

③SF_6气体不得向大气排放，应采取净化装置回收，处理检测合格后方准再使用。回收时作业人员应站在上风侧。设备抽真空后，用高纯度氮气冲洗3次［压力为9.8×10^4Pa（1标准大气压）］。将清出的吸附剂、金属粉末等废物放入20%氢氧化钠水溶液中浸泡12h后深埋。

④从SF_6气瓶引出气体时，应使用减压阀降压。当瓶内压力降至9.8×10^4Pa（1标准大气压）时，即停止引出气体，并关紧气瓶阀门，戴上

瓶帽。

⑤SF$_6$户内配电装置发生大量泄漏等紧急情况时，人员应迅速撤出现场，室内应开启所有排风机进行排风。

（三）串联补偿装置、滤波器安装

（1）500kV及以上的串联补偿装置绝缘平台安装应编制专项施工方案（含安全技术措施），并满足下列要求：

①绘制施工平面布置图。

②绝缘平台吊装、就位过程中应平衡、平稳，就位时各支撑绝缘子应均匀受力，防止单个绝缘子超载。

③绝缘平台就位调整固定前应采取临时拉线，斜拉绝缘子的就位及调整固定过程中起重机械应保持起吊受力状态。

④绝缘平台斜拉绝缘子就位及调整固定完成后，方可解除临时拉线等安全保护措施。

（2）交流（直流）滤波器安装应遵守下列规定：

①支撑式电容器组安装前，绝缘子支撑调节完成并锁定。悬挂式电容器组安装前，结构紧固螺栓复查完成。

②起吊用的用品、用具应符合要求，单层滤波器整体吊装应在两端系绳控制，防止摆动过大，设备开始吊离地面约100mm时，应仔细检查吊点受力和平衡，起吊过程中保持滤波器层架平衡。

③吊车、升降车、链条葫芦的使用应在专人指挥下进行。

④安装就位高处组件时应有高处作业防护措施。

⑤高处作业工器具应使用专用工具袋（箱）并放置可靠，以免晃动过大致使工具滑落。

⑥高处平台对接时，平台区域内下方不得有人员进入。

（四）互感器、避雷器安装

（1）吊索应固定在设备专用的吊环上，并不得碰伤瓷套。禁止利用伞裙作为吊点进行吊装。

（2）运输、放置、安装、就位应按产品技术要求执行，其间应防止倾倒或遭受机械损伤。

（五）干式电抗器安装

（1）500kV及以上或单台容量10Mvar及以上的干式电抗器安装前应依据

安装使用说明书编写安全施工措施。

（2）±800kV及以上或重量30t及以上的干式电抗器安装应编制专项施工方案并满足下列要求：

①吊具应使用产品专用吊具或制造厂认可的吊具。

②电抗器吊装、就位过程应平衡、平稳，就位时各个支撑绝缘子应均匀受力，防止单个绝缘子超过其允许受力。

③电抗器就位后，在安全保护措施完善后方可进行电抗器下部的作业。

（六）穿墙套管安装

（1）220kV及以上穿墙套管安装前应依据安装使用说明书编写施工安全技术措施。

（2）大型穿墙套管安装吊具应使用产品专用吊具或制造厂认可的吊具。

（3）大型穿墙套管吊装、就位过程应平衡、平稳，两侧联系应通畅，应统一指挥。高处作业人员使用的高处作业机具或作业平台应安全可靠。

（七）盘、柜安装

（1）动力盘应在土建条件满足安装要求时，方可进行安装。

（2）动力盘在安装地点拆箱后，应立即将箱板等杂物清理干净，以免阻塞通道或钉子扎脚，并将盘、柜搬运至安装地点摆放或安装，防止受潮、雨淋。

（3）盘、柜就位要防止倾倒伤人和损坏设备，撬动就位时应有足够人力，并统一指挥。狭窄处应防止挤伤。

（4）盘底加垫时不得将手伸入盘底，单面盘并列安装应防止靠盘时挤伤手。

（5）盘、柜在安装固定好以前，应有防止倾倒的措施，特别是重心偏在一侧的盘柜。对变送器等稳定性差的设备，安装就位后应立即将全部安装螺栓紧好，禁止浮放。

（6）在墙上安装操作箱及其他较重的设备时，应做好临时支撑，固定好后方可拆除该支撑。

（7）盘、柜内的各式熔断器，凡直立布置者应上口接电源、下口接负荷。

（8）施工区周围的孔洞应采取措施可靠的遮盖，防止人员摔伤。

（9）高压开关柜、低压配电屏、保护盘、控制盘及各式操作箱等需要部分带电时，应符合下列规定：

①需要带电的系统，其所有设备的接线确已安装调试完毕，并应设立明显的带电标志。

②带电系统与非带电系统应有明显可靠的隔断措施，确认非带电系统无串电的可能，并设警告标志。

③部分带电的装置，应设专人管理。

（八）其他电气设备安装

（1）凡新装的电气设备或与之连接的机械设备，一经带电或试运后，如需在该设备或系统上进行工作时，安全措施应严格按《安规》的规定执行。

（2）所有转动机械的电气回路应经操作试验，确认控制、保护、测量、信号回路无误后方可启动。转动机械初次启动时就地应有紧急停车设施。

（3）干燥电气设备或元件均应控制其温度。干燥场地不得有易燃物，并配备消防设施。

（4）严禁在阀型避雷器上攀登或进行工作。

（5）吊装瓷套（棒）电器时应使用尼龙吊带，安装时若有交叉作业应自上而下进行。

（6）电力电容器试验完毕应经过放电才能安装，已运行的电容器组需检修或扩建新电容器组增加容量时，对已运行的电容器组也应放电才能工作。

（7）在10kV及以上电压的变电站（配电室）中进行扩建时，已就位的设备及母线应接地或屏蔽接地。

（8）在运行的变电站及高压配电室搬动梯子、线材等长物时，应放倒搬运，并应与带电部分保持安全距离。

（9）在带电设备周围不得使用钢卷尺、皮卷尺和线尺（夹有金属丝者）进行测量工作，应用木尺或其他绝缘量具。

（10）拆除电气设备及电气设施时，应符合下列要求：

①确认被拆的设备或设施不带电，并做好相应的安全措施。

②不得破坏原有安全设施的完整性。

③防止因结构受力变化而发生破坏或倾倒。

④拆除旧电缆时应从一端开始，严禁在中间切断或任意拖拉。

⑤拆除有张力的软导线时应缓慢释放。

八、改、扩建工程现场作业

1. 运行区域常规作业

（1）在运行的变电站及高压配电室搬动梯子、线材等长物时，应放倒两人搬运，并应与带电部分保持安全距离。在运行的变电站手持非绝缘物件时不应超过本人的头顶，设备区内禁止撑伞。

（2）在带电设备周围，禁止使用钢卷尺、皮卷尺和线尺（夹有金属丝者）进行测量作业，应使用相关绝缘量具或仪器进行测量。

（3）在带电设备区域内或邻近带电母线处，禁止使用金属梯子。

（4）施工现场应随时固定或清除可能漂浮的物体。

（5）在变电站（配电室）中进行扩建时，已就位的新设备及母线应及时完善接地装置连接。

2. 运行区域设备及设施拆除作业

（1）确认被拆的设备或设施不带电，并做好安全措施。

（2）不得破坏原有安全设施的完整性。

（3）防止因结构受力变化而发生破坏或倾倒。

（4）拆除旧电缆时应从一端开始，不得在中间切断或任意拖拉。

（5）拆除有张力的软导线时应缓慢施放。

（6）弃置的动力电缆头、控制电缆头，除有短路接地外，应一律视为有电。

3. 运行区域户外施工作业

（1）220kV及以上构架的拆除工程项目应编制专项安全施工方案。

（2）在带电设备垂直上方的作业项目应编制专项安全施工方案，如采取防护隔离措施，防护隔离措施的绝缘等级和机械强度均应符合相应规定要求，且不得在雨、雪、大风等天气进行。

（3）吊装断路器、隔离开关、电流互感器、电压互感器等大型设备时，应在设备底部捆绑控制绳，防止设备摇摆。

（4）拆装设备连接线时，宜用升降车或梯子进行，拆卸后的设备连接线用尼龙绳固定，防止设备连接线摆动造成母线损坏。

（5）在母线和横梁上作业或新增设母线与带电母线靠近、平行时，母线应接地，并制定严格的防静电措施，作业人员应穿静电感应防护服或屏蔽服作业。

（6）采用升降车作业时，应两人进行，一人作业，一人监护，升降车应可靠接地。

（7）拆挂母线时，应有防止钢丝绳和母线弹到邻近带电设备或母线上的措施。

第二章

保证安全的组织措施和技术措施

第一节 保证作业现场安全的组织措施

保证作业现场安全的组织措施包括：作业风险识别、评估、预控；安全施工作业票（以下简称"作业票"）；作业开工；作业监护；作业间断、转移、终结。

一、作业风险识别、评估、预控

（1）作业票签发人或作业负责人在作业前应组织开展作业风险动态评估，确定作业风险等级。

（2）作业前，应通过改善人、机、料、法、环等要素，降低施工作业风险。作业中，采取组织、技术、安全和防护等措施控制风险。

（3）当作业风险因素发生变化时，应重新进行风险动态评估。

（4）风险动态评估中，对固有或动态评估风险等级为三级及以上的作业，应组织作业现场勘察，并填写现场勘察记录。现场勘察应满足下列要求：

①现场勘察应由作业票签发人或作业负责人组织，安全、技术等相关人员参加。

②现场勘察应查看施工作业现场周边有无影响作业的建构筑物、地下管线、邻近设备、交叉跨越、地形、地质、气象等作业现场条件以及其他影响作业的风险因素，并提出安全措施和注意事项。

③现场勘察后，现场勘察记录应送交作业票签发人、作业负责人及相关各方，作为填写、签发作业票等的依据。

④作业票签发人或作业负责人在作业前应重新核对现场勘察情况，发现

与原勘察情况有变化时，应及时修正、完善相应的安全措施。

（5）四级及以上风险作业项目应发布风险预警。

（6）近电作业安全管控作业人员或机械器具与带电线路及其他带电体的最小距离小于表 2-1 中的控制值，施工项目部应进行现场勘察，编写安全施工方案，并将安全施工方案提交运维单位备案。

表 2-1　作业人员或机械器具与带电线路及其他带电体风险控制值

电压等级 /kV	控制值 /m	电压等级 /kV	控制线 /m
≤10	4.0	1000	17.0
20~35	5.5	±50 及以下	6.5
66~110	6.5	±400	11.0
220	8.0	±500	13.0
330	9.0	±660	15.5
500	11.0	±800	17.0
750	14.5		

注 1：流动式起重机、混凝土泵车、挖掘机等施工机械作业，应考虑施工机械回转半径对安全距离的影响。

注 2：变电站内邻近带电线路（含站外线路）的施工机械作业，也应注意识别施工机械回转半径引起的安全风险。

注 3：±400kV 数据是按海拔 3000m 校正的。

二、施工作业票

1. 选用

施工作业前，四、五级风险作业填写输变电工程施工作业 A 票，由班组安全员、技术员审核后，项目总工签发；三级及以上风险作业填写输变电工程施工作业 B 票，由项目部安全员、技术员审核，项目经理签发后报监理审核后实施。涉及二级风险作业的 B 票还需报业主项目部审核后实施。填写施工作业票，应明确施工作业人员分工。

2. 填写与使用

施工作业票填写与使用应遵守下列规定。

（1）作业前，由工作负责人或签发人填写施工作业票；一张施工作业票中工作负责人、签发人不得为同一人。

（2）施工作业票采用手工方式填写时，应用黑色或蓝色的钢笔或水笔填写和签发。施工作业票上的时间、工作地点、主要内容、主要风险、安全措施等关键字不得涂改。

（3）用计算机生成或打印的施工作业票应使用统一的票面格式，由施工作业票签发人审核，手工或电子签发后方可执行。

（4）施工作业票签发后，工作负责人应按照施工作业票要求，提前做好作业前的准备工作。

（5）一个工作负责人同一时间只能执行一张施工作业票，一张施工作业票可包含最多一项三级及以上风险作业和多项四级、五级风险作业，按其中最高的风险等级确定作业票种类。作业票终结以最高等级的风险作业为准，未完成的其他风险作业延续到后续作业票。

（6）一张施工作业票可用于不同地点、同一类型、依次进行的施工作业；同一张施工作业票中存在多个作业面时，应明确各作业面的安全监护人。同一张作业票对应多个风险时，应综合选用相应的预控措施。

（7）若作业人员较多、工作地点较分散，可指定专责监护人，并单独进行安全交底。

（8）对于施工单位委托的专业分包作业，可由专业分包商自行开具作业票。专业分包商需将施工作业票签发人、班组负责人、安全监护人报施工项目部备案，经施工项目部培训考核合格后方可开票。

（9）对于建设单位直接委托的变电站消防工程作业、钢结构彩板安装施工作业、装配式围墙施工、图像监控等，涉及专业承包商独立完成的作业内容，由专业承包商将施工作业票签发人、班组负责人、安全监护人报监理项目部备案，监理项目部负责督促专业承包商开具作业票。

（10）不同施工单位之间存在交叉作业时，应知晓彼此的作业内容及风险，并在相关作业票中的"补充控制措施"栏，明确应采取的措施。

（11）施工作业票使用周期不得超过30天。已签发或批准的施工作业票应由工作负责人收执，签发人宜留存备份。

（12）施工作业票有破损不能继续使用时，应补填新的施工作业票，并重新履行签发手续。

3. 变更

施工作业票变更应遵守下列规定。

（1）施工周期超过一个月或一项施工作业工序已完成、重新开始同一类型其他地点的作业，应重新审查安全措施和交底。

（2）需要变更作业成员时，应经工作负责人同意，在对新的作业人员进行安全交底并履行确认签字手续后，方可进行工作。

（3）工作负责人若因故暂时离开工作现场时，应指定能胜任的人员临时代替，离开前应将工作交代清楚，并告知作业班成员。原工作负责人返回工作现场时，也应履行同样的交接手续。

（4）工作负责人允许变更一次，应经签发人同意，并在施工作业票上做好变更记录；变更后，原、现工作负责人应对工作任务和安全措施进行交接，并告知全部作业人员。

（5）变更工作负责人或增加作业任务，若施工作业票签发人无法当面办理，应通过电话联系，并在施工作业票备注栏内注明需要变更工作负责人姓名和时间或增加的作业任务。

（6）作业现场风险等级等条件发生变化，应完善措施，重新办理施工作业票。

4. 有关人员条件

有关人员条件应符合下列规定。

（1）施工作业票签发人应由熟悉人员技术水平、现场作业环境和流程、设备情况及本标准，并具有相关工作经验的工程安全技术人员担任，名单经其单位考核、批准并公布。

（2）工作负责人应由有专业工作经验、熟悉现场作业环境和流程、工作范围的人员担任，名单经施工项目部考核、批准并公布。

（3）专责监护人应由具有相关专业工作经验，熟悉现场作业情况和本标准的人员担任。

（4）专业分包单位的施工作业票签发人、工作负责人的名单经分包单位批准公布后报承包单位备案。

5. 有关人员责任

（1）施工作业票签发人的责任：

①确认施工作业的安全性。

②确认作业风险识别准确性。

③确认作业票所列安全措施正确完备。

④确认所派作业负责人和作业人员适当、充足。

（2）作业票审核人的责任：

①审核作业风险识别准确性。

②审核作业安全措施及危险点控制措施是否正确、完备。

③审核施工作业的方法和步骤是否正确、完备。

④督促并协助施工负责人进行安全技术交底。

（3）作业负责人（监护人）的责任：

①正确组织施工作业。

②检查作业票所列安全措施是否正确完备，是否符合现场实际条件，必要时予以补充完善。

③施工作业前，对全体作业人员进行安全交底及危险点告知，交代安全措施和技术措施，并确认签字。

④组织执行作业票所列由其负责的安全措施。

⑤监督作业人员遵守《安规》、正确使用劳动防护用品和安全工器具以及执行现场安全措施。

⑥关注作业人员身体状况和精神状态是否出现异常迹象，人员变动是否合适。

（4）专责监护人的责任：

①明确被监护人员和监护范围。

②作业前，对被监护人员交代监护范围内的安全措施、告知危险点和安全注意事项。

③检查作业场所的安全文明施工状况，督促问题整改，监督被监护人员遵守《安规》和执行现场安全措施，及时纠正被监护人员的不安全行为。

（5）作业人员的责任：

①熟悉作业范围、内容及流程，参加作业前的安全交底，掌握并落实安全措施，明确作业中的危险点，并在作业票上签字。

②服从作业负责人、专责监护人的指挥，严格遵守《安规》和劳动纪律，在指定的作业范围内工作，对自己在工作中的行为负责，互相关心工作安全。

③正确使用施工机具、安全工器具和劳动防护用品，并在使用前进行外观完好性检查。

（6）监理人员的责任：

①参与安全动态风险识别，审查风险控制措施的有效性。

②负责作业过程中的巡视、监督。

③及时纠正作业人员存在的不安全行为。

(7)业主项目部经理的责任：

①审查四级及以上风险控制措施的有效性，并进行全过程监督。

②必要时协调解决现场存在的安全风险和隐患。

三、作业开工

(1)作业票签发后，作业负责人应向全体作业人员交代作业任务、作业分工、安全措施和注意事项，告知风险因素，并履行签名确认手续后，方可下达开始作业的命令。作业负责人、专责监护人应始终在工作现场。其中，作业票B由监理人员现场确认安全措施，并履行签名许可手续。

(2)多日作业，作业负责人应坚持每天检查、确认安全措施，告知作业人员安全注意事项，方可开工。

四、作业监护

(1)作业负责人在作业过程中监督作业人员遵守《安规》和执行现场安全措施，及时纠正不安全行为。

(2)应根据现场安全条件、施工范围和作业需要，增设专责监护人，并明确其监护内容。

(3)专责监护人不得兼做其他工作，临时离开时，应通知作业人员停止作业或离开作业现场。专责监护人需长时间离开作业现场时，应由作业负责人变更专责监护人，履行变更手续，并告知全体被监护人员。

五、作业间断、转移、终结

(1)遇雷、雨、大风等情况威胁到人员、设备安全时，作业负责人或专责监护人应下令停止作业。

(2)每天收工或作业间断，作业人员离开作业地点前，应做好安全防护措施；必要时派人看守，防止人、畜接近挖好的基坑等危险场所；恢复作业前应检查确认安全保护措施完好。

(3)使用同一张作业票依次在不同作业地点转移作业时，应重新识别评估风险，完善安全措施，并重新履行交底手续。

（4）作业完成后，应清扫整理作业现场，作业负责人应检查作业地点状况，落实现场安全防护措施，并向作业票签发人汇报。

（5）作业票应保存至工程项目竣工。

第二节　改、扩建工程中的组织措施和技术措施

一、一般规定

1. 基本要求

（1）变电站改、扩建工程中应严格执行 Q/GDW 1799.1—2013《国家电网公司电力安全工作规程　变电部分》的相关规定，在运行区内作业应办理工作票。

（2）开工前，施工单位应编制施工区域与运行部分的物理和电气隔离方案，并经设备运维单位会审确认。

（3）施工电源采用临时施工电源的按《安规》规定执行，当使用站内检修电源时，应经设备运维单位批准后在指定的动力箱内引出，不得随意变动。

2. 运行区域设备不停电时的安全距离

无论高压设备是否带电，作业人员不得单独移开或越过遮栏进行作业。若有必要移开遮栏时，应得到运行单位同意，并有运行单位监护人在场，并符合表 2-2 规定的安全距离。

表 2-2　设备不停电时的安全距离

电压等级 /kV	安全距离 /m	电压等级 /kV	安全距离 /m
10 及以下（13.8）	0.70	1000	8.70
20、35	1.00	±50 及以下	1.50
66、110	1.50	±400	5.90
220	3.00	±500	6.00
330	4.00	±660	8.40
500	5.00	±800	9.30
750	7.20		

注1：±400kV 数据是按海拔 3000m 校正的，海拔 4000m 时安全距离为 6.00m。

注2：750kV 数据是按海拔 2000m 校正的，其他等级数据按海拔 1000m 校正。

注3：表 2-2 中未列电压等级按高一档电压等级的安全距离执行。

3. 工作票

（1）工作票负责人和工作票签发人应经过设备运维单位或由设备运维单位确认的其他单位培训合格，并报设备运维单位备案。

（2）下列情况应填用变电站第一种工作票：

①需要高压设备全部停电、部分停电或做安全措施的工作。

②在高压设备继电保护、安全自动装置和仪表、自动化监控系统等及其二次回路上工作，需将高压设备停电或做安全措施者。

③通信系统同继电保护、安全自动装置等复用通道（包括载波、微波、光纤通道等）的检修、联动试验需将高压设备停电或做安全措施者。

④在经继电保护出口跳闸的相关回路上工作，需将高压设备停电或做安全措施者。

（3）下列情况应填用变电站第二种工作票：

①在高压设备区域工作，不需要将高压设备停电或者做安全措施的工作。

②继电保护装置、安全自动装置、自动化监控系统在运行中改变装置原有定值时不影响一次设备正常运行的工作。

③对于连接电流互感器或电压互感器二次绕组并装在屏柜上的继电保护、安全自动装置上的工作，可以不停用所保护的高压设备或不需做安全措施。

④在继电保护、安全自动装置、自动化监控系统等及其二次回路，以及在通信复用通道设备上检修及试验工作，可以不停用高压设备或不需做安全措施。

（4）工作票由设备运维单位签发，也可由设备运维单位和施工单位签发人实行双签发，具体签发程序按照安全协议要求执行。

4. 运行区域运输作业安全距离

进入改、扩建工程运行区域的交通通道应设置安全标志，站内运输其安全距离应满足表 2-3 的规定。

表 2-3 车辆（包括装载物）外廓至无围栏带电部分之间的安全距离

交流电压等级 /kV	安全距离 /m	直流电压等级 /kV	安全距离 /m
10 及以下	0.95	±50 及以下	1.65
20	1.05	±400	5.45
35	1.15	±500	5.60

续表

交流电压等级 /kV	安全距离 /m	直流电压等级 /kV	安全距离 /m
66	1.40	±660	8.00
110	1.65（1.75）	±800	9.00
220	2.55		
330	3.25		
500	4.55		
750	6.70		
1000	8.25		

注1：括号内数字为110kV中性点不接地系统所使用。

注2：±400kV数据按海拔3000m校正，海拔4000m时安全距离为5.55m，海拔1000m时安全距离为5.00m；750kV数据按海拔2000m校正，其他电压等级数据按海拔1000m校正。

注3：表2-3未列电压等级按高一档电压等级的安全距离执行。

注4：表2-3中数据不适用带升降操作功能的机械运输。

二、电气设备全部或部分停电作业安全技术措施

1. 断开电源

（1）需停电进行作业的电气设备，应把各方面的电源完全断开，其中：

①在断开电源的基础上，应拉开隔离开关，使各方面至少有一个明显的断开点。若无法观察到停电设备的断开点，应有能够反映设备运行状态的电气和机械等指示。

②与停电设备有电气联系的变压器和电压互感器，应将设备各侧断开，防止向停电设备倒送电。

（2）检修设备和可能来电侧的断路器、隔离开关应断开控制电源和合闸能源，隔离开关操作把手应锁住，确保不会误送电。

（3）对难以做到与电源完全断开的检修设备，可以拆除设备与电源之间的电气连接。

2. 验电及接地

（1）在停电的设备或母线上作业前，应经检验确无电压后方可装设接地线，装好接地线后方可进行作业。

（2）验电与接地应由两人进行，其中一人应为监护人。进行高压验电应戴绝缘手套、穿绝缘鞋。验电器的伸缩式绝缘棒长度应拉足，验电时手应握

在手柄处，不得超过护环。

（3）验电时，应使用相应电压等级且检验合格的接触式验电器。验电前进行验电器自检，且应在确知的同一电压等级带电体上试验，确认验电器良好后方可使用。验电应在装设接地线或合接地刀闸处对各相分别进行。

（4）表示设备断开和允许进入间隔的信号及电压表的指示等，均不得作为设备有无电压的根据，应验电。如果指示有电，禁止在该设备上作业。

（5）对停电设备验明确无电压后，应立即将设备接地并三相短路。凡可能送电至停电设备的各部位均应装设接地线或合上专用接地开关。在停电母线上作业时，应将接地线尽量装在靠近电源进线处的母线上，必要时可装设两组接地线，并做好登记。接地线应明显，并与带电设备保持安全距离。

（6）电缆及电容器接地前应逐相充分放电，星形接线电容器的中性点应接地，串联电容器及与整组电容器脱离的电容器应逐个多次放电，装在绝缘支架上的电容器外壳也应放电。

（7）成套接地线应由有透明护套的多股软铜线和专用线夹组成，截面积应满足装设地点短路电流的要求，但不得小于 $25mm^2$。

（8）禁止使用不符合规定的导线做接地线或短路线，接地线应使用专用的线夹固定在导体上，禁止用缠绕的方法进行接地或短路。装拆接地线应使用绝缘棒，戴绝缘手套。挂接地线时应先接接地端，再接设备端，拆接地线时顺序相反。

（9）作业人员不应擅自移动或拆除接地线。装、拆地线导体端均应使用绝缘棒和戴绝缘手套，人体不得碰触接地线或未接地的导线。带接地线拆设备接头时，应采取防止接地线脱落的措施。

（10）对需要拆除全部或一部分接地线后才能进行的作业，应征得运维人员的许可，作业完毕后立即恢复。未拆除期间不得进行相关的高压回路作业。

3. 悬挂标志牌和装设围栏

（1）在一经合闸即可送电到作业地点的断路器和隔离开关的操作把手、二次设备上均应悬挂"禁止合闸，有人工作！"的安全标志牌。

（2）在室内高压设备上或某一间隔内作业时，在作业地点两旁及对面的间隔上均应设围栏并悬挂"止步，高压危险！"的安全标志牌。

（3）在室外高压设备上作业时，应在作业地点的四周设围栏，其出入口要围至邻近道路旁边，并设有"从此进出！"的安全标志牌。作业地点四周围栏上悬挂适当数量的"止步,高压危险!"的安全标志牌,标志牌应朝向围栏里面。若室外的大部分设备停电,只有个别地点保留有带电设备,其他设备无触及带电导体的可能时,可以在带电设备四周装设全封闭围栏,围栏上悬挂适当数量的"止步,高压危险!"的安全标志牌,标志牌应朝向围栏外面。

(4)在作业地点悬挂"在此工作!"的安全标志牌。

(5)在室外构架上作业时,应设专人监护,在作业人员上下的梯子上,应悬挂"从此上下!"的安全标志牌。在邻近可能误登的构架上应悬挂"禁止攀登,高压危险!"的安全标志牌。

(6)设置的围栏应醒目、牢固,禁止任意移动或拆除围栏、接地线、安全标志牌及其他安全防护设施。因作业原因需短时移动或拆除围栏或安全标志牌时,应征得工作许可人同意,并在作业负责人的监护下进行,完毕后应立即恢复。

(7)安全标志牌、围栏等防护设施的设置应正确、及时,作业完毕后应及时拆除。

4. 工作结束

(1)全部工作结束后,应清扫、整理现场。工作负责人应先周密检查,待全部作业人员撤离工作地点后,再向运维人员交代工作情况,并与运维人员共同检查现场确认符合规定,办理工作票终结手续。

(2)接地线一经拆除,设备即应视为有电,禁止再去接触或进行作业。

(3)禁止采用预约停送电时间的方式在设备或母线上进行任何作业。

第三章
作业安全风险辨识评估与控制

第一节 概 述

本节依据国家电网公司发布的《安全风险管理工作基本规范（试行）》和《生产作业风险管控工作规范（试行）》，阐述作业项目安全风险控制的职责与分工、分级管理、计划管理、评估定级、管控措施制定、审查会商、风险公示告知、现场风险管控、评价考核等要求，以对作业安全风险实施超前分析和流程化控制，形成"流程规范、措施明确、责任落实、可控在控"的安全风险管控机制。

一、风险管控流程

作业项目安全风险管控流程包括风险辨识、风险评估、风险预警、风险控制、检查与改进等环节。

1. 风险辨识

风险辨识是指辨识风险的存在并确定其特性的过程。风险辨识包括静态风险辨识、动态风险辨识和作业项目风险辨识。

（1）静态风险辨识。静态风险辨识是依据《国家电网公司供电企业安全风险评估规范》（简称"《评估规范》"）等事先拟好的检查清单对现场风险因素进行辨识并制定风险控制措施，为风险评估、风险控制提供基础数据。主要开展三个方面的工作：设备、环境的风险辨识，人员素质及管理的风险辨识，风险数据库的建立与应用。

①设备、环境的风险辨识：依据《评估规范》第1章和第2章，有计划、

有目的地开展设备、环境、工器具、劳动防护以及物料等静态风险的辨识，找出存在的危险因素。

②人员素质及管理的风险辨识：依据《评估规范》第 3 章和第 5 章，可进行自查，也可由专家组或专业第三方机构对人员素质和安全生产综合管理开展周期性的辨识，查找影响安全的危险因素。

③风险数据库的建立与应用：采用信息化手段，建立风险数据库，对风险辨识结果实行动态维护，保证数据真实、完整，便于实际应用。

（2）动态风险辨识。动态风险辨识是对照作业安全风险辨识范本对作业过程中的风险因素进行辨识，并制定风险控制措施。

（3）作业项目风险辨识。作业安全风险辨识范本参照国家电网公司发布的《供电企业作业风险辨识防范手册》编制，是以标准化作业流程为依据，指导作业人员辨识作业过程中的风险，并明确其典型控制措施的参考规范。

作业项目风险辨识一般采用三维辨识法对整个项目所包含的风险因素进行辨识，并制定风险控制措施。三维辨识法是对照作业安全风险辨识范本辨识作业过程中的动态风险、查看作业安全风险库辨识作业过程中的静态风险、现场勘察确认的一种风险辨识方法。

作业安全风险库是由作业安全风险事件组成，风险事件由对现场各类风险进行辨识、评估所得。

2. 风险评估

风险评估是对事故发生的可能性和后果进行分析与评估，并给出风险等级的过程。

静态风险评估一般采用 LEC 法，动态风险评估一般采用 PR 法。风险等级分为一般、较大、重大三级。

作业项目风险评估依据企业制定的作业项目风险评估标准进行评估，风险等级一般分为 1~8 级。

（1）LEC 法。LEC 法是根据风险发生的可能性、暴露在生产环境下的频度、导致后果的严重性，针对静态风险所采取的一种风险评估方法，即 D=LEC，式中 D 为风险值。

L 为发生事故的可能性大小。当用概率来表示事故发生的可能性大小时，绝对不可能发生的事故概率为 0；而必然发生的事故概率为 1。然而，从系统安全角度考察，绝对不发生事故是不可能的，所以人为地将发生事故的可能性极小的分数定为 0.1，而必然发生的事故分数定为 10，各种情况的分数如表 3-1 所示。

表 3-1　事故发生的可能性（L）

事故发生的可能性（发生的概率）	分数值
完全可能预料（100% 可能）	10
相当可能（50% 可能）	6
可能，但不经常（25% 可能）	3
可能性小，完全意外（10% 可能）	1
很不可能，可以设想（1% 可能）	0.5
极不可能（小于 1% 可能）	0.1

E 为暴露于危险环境中的频繁程度。人员出现在危险环境中的次数越多，则危险性越大。将连续出现在危险环境的情况定为 10，非常罕见地出现在危险环境中定为 0.5，介于两者之间的各种情况规定若干个中间值，如表 3-2 所示。

表 3-2　暴露于危险环境中的频度（E）

暴露频度	分数值
连续（每天多次）	10
频繁（每天一次）	6
有时（每天一次～每月一次）	3
较少（每月一次～每年一次）	2
很少（50 年一遇）	1
特少（100 年一遇）	0.5

C 为发生事故的严重性。事故所造成的人身伤害或电网损失的变化范围很大，所以规定分数值为 1~100，将仅需要救护的伤害及可能造成设备或电网异常运行的分数定为 1，将可能造成特大人身、设备、电网事故的分数定为 100，其他情况的数值定为 1~100 之间，如表 3-3 所示。

表3-3　发生事故的严重性（C）

分数值	后果	
	人身	电网设备
100	可能造成特大人身死亡事故者	可能造成特大设备事故者；可能引起特大电网事故者
40	可能造成重大人身死亡事故者	可能造成重大设备事故者；可能引起重大电网事故者
15	可能造成一般人身死亡事故或多人重伤者	可能造成一般设备事故者；可能引起一般电网事故者
7	可能造成人员重伤事故或多人轻伤事故者	可能造成设备一类障碍者；可能造成电网一类障碍者
3	可能造成人员轻伤事故者	可能造成设备二类障碍者；可能造成电网二类障碍者
1	仅需要救护的伤害	可能造成设备或电网异常运行

风险值 D 计算出后，关键是如何确定风险级别的界限值，这个界限值并不是长期固定不变。在不同时期，企业应根据其具体情况来确定风险级别的界限值。表3-4可作为确定风险程度的风险值界限的参考标准。

表3-4　风险程度与风险值的对应关系

风险程度	风险值
重大风险	$D \geqslant 160$
较大风险	$70 \leqslant D < 160$
一般风险	$D < 70$

（2）PR法。PR法是根据风险发生的可能性、导致后果的严重性，针对动态风险所采取的一种风险评估方法。

P 值代表事故发生的可能性（possible），即在风险已经存在的前提下，发生事故的可能性。按照事故的发生率将 P 值分为四个等级，如表3-5所示。

表3-5　可能性定性定量评估标准表（P）

级别	可能性	含义
4	几乎肯定发生	事故非常可能发生，发生概率在50%以上
3	很可能发生	事故很可能发生，发生概率在10%~50%
2	可能发生	事故可能发生，发生概率在1%~10%
1	发生可能性很小	事故仅在例外情况下发生，发生概率在1%以下

R 值代表后果严重性（result），即此风险导致事故发生之后，对人身、电网或设备造成的危害程度。根据《国家电网公司安全事故调查规程》的分类，将 R 值分为特大、重大、一般、轻微四个级别，如表 3-6 所示。

表 3-6　严重性定性定量评估标准表（R）

级别	后果	严重性 人身	严重性 电网设备
4	特大	可能造成重大及以上人身死亡事故者	可能造成重大及以上设备事故者；可能引起重大及以上电网事故者
3	重大	可能造成一般人身死亡事故或多人重伤者	可能造成一般设备事故者；可能引起一般电网事故者
2	一般	可能造成人员重伤事故或多人轻伤事故者	可能造成设备一、二类障碍者；可能造成电网一、二类障碍者
1	轻微	仅需要救护的伤害	可能造成设备或电网异常运行

将表 3-5 和表 3-6 中的可能性和严重性结合起来，就得到用重大、较大、一般表示的风险水平描述，如图 3-1 所示。

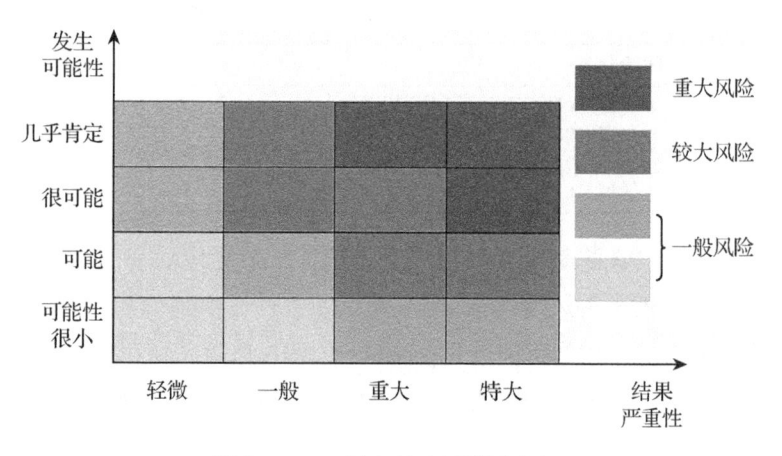

图 3-1　PR 法风险水平描述坐标

（3）作业项目风险评估。作业项目风险评估指针对某一类作业项目，综合考虑其技术难度、对电网的影响程度、发生事故的可能性和后果等因素，在对项目风险进行风险辨识后，依据作业项目风险评估标准划定作业项目的整体风险等级。

3. 风险预警

风险预警是对可能发生人身伤害事故和由人员责任导致的电网或设备事故的作业安全风险实行安全预警。

风险预警实行分类、分级管理，形成以单位、专业室（中心）、班组为主体的风险预警管理体系。

较大及以上等级的检修、倒闸操作作业项目风险应形成作业风险预警通知单，经过审核、批准后，由项目主管职能部门发布。

专业室（中心）接到风险预警后，细化预控措施，并布置落实。同时，专业室（中心）负责将落实情况反馈至主管职能部门。

4. 风险控制

风险控制是采取预防或控制措施将风险降低到可接受的程度。

静态风险采用消除、隔离、防护、减弱等控制方法。动态风险利用作业安全风险控制措施卡、标准化作业指导书、工作票、操作票等安全组织、技术措施及安全措施进行现场风险控制。

作业安全风险控制措施卡是将辨识出的风险进行评估整理后，与工作票（或操作票）、标准化作业指导书配合使用的控制作业现场风险的载体。

5. 检查与改进

风险管控实施动态闭环过程管理，实现作业风险管控的持续改进。

二、职责与分工

按照管理职责和工作特点，不同管理层次负责控制不同程度和类型的安全风险，逐级落实安全责任。

1. 省公司级单位

省公司分管副总经理全面部署作业项目安全风险控制工作，定期检查、指导风险控制工作开展。

安监部是作业项目安全风险管控归口管理部门，牵头制定作业项目安全风险辨识评估与控制管理制度；监督、指导开展作业项目安全风险控制工作。

相关部门按照"谁主管、谁负责"的原则，负责指导专业范围内的变电运行、变电检修、输电检修、配电检修和电网调度专业的作业安全风险辨识评估与控制相关工作；协调安全风险控制现场出现的安全、技术问题。

2. 地市公司级单位

地市公司分管领导批准重大风险作业项目的风险评估结果，落实解决资金来源，及时协调风险控制过程中出现的问题。

安监部是作业项目安全风险管控归口管理部门，制定作业项目安全风险辨识评估与控制管理制度；监督、指导作业项目安全风险辨识评估与控制工作；审核较大及以上作业项目的风险评估结果；监督风险预警控制措施落实。

调控中心分析电网运行方式和系统稳定，明确电网运行方式存在的风险和电网风险控制措施等内容；监督、指导运维检修、营销和相关部门落实电网风险预控措施。

运维检修部门组织召开检修计划协调会，审查计划必要性、可行性和合理性；策划、落实检修、倒闸操作作业项目安全风险辨识评估与控制工作，审核较大及以上作业项目的风险评估结果；监督检查电网风险和检修、倒闸操作作业风险控制措施落实情况；协调现场风险控制过程中出现的问题。

基建部门审核较大及以上风险相关专业作业项目的风险评估结果，协调风险控制过程中出现的问题。

营销部门（客户服务中心）落实电网风险相关控制措施，协调风险控制过程中出现的问题，并将控制措施落实情况反馈给调控中心。

专业室（中心）开展作业项目安全风险辨识评估工作，审核一般及以上风险作业项目的风险评估结果；开展班组安全承载能力分析，组织实施作业项目安全风险控制，重点控制现场人身伤害、设备损坏、电网故障等风险，并反馈控制措施落实情况；负责年度、季度、月度、周检修计划的编制，检修任务的安排，现场勘察的组织，风险预警措施的落实。

3. 县公司级单位

县公司分管领导组织落实作业项目安全风险评估与控制工作，及时协调风险控制过程中出现的问题。

相关责任部门监督、指导作业项目安全风险辨识评估与控制工作；组织开展作业项目安全风险辨识评估工作，审核一般及以上风险作业项目的风险评估结果；监督风险预警控制措施落实。

专业室（中心）开展作业项目安全风险辨识评估工作；开展班组安全承载能力分析，组织实施作业项目安全风险控制，重点控制现场人身伤害、设备损坏、电网故障等风险，并反馈控制措施落实情况；负责年度、季度、月度、周检修计划的编制，安排检修任务，组织现场勘察，落实风险预警措施。

4. 班组及相关人员

生产班组负责生产作业风险控制的执行，做好人员安排、任务分配、资源配置、安全交底、工作组织等风险管控。

工作票签发人、工作负责人、工作许可人、值班运维负责人、操作监护人等是生产作业风险管控现场安全和技术措施的把关人，负责风险管控措施的落实和监督。

作业人员是生产作业风险控制措施的现场执行人，应明确现场作业风险点，熟悉和掌握风险管控措施，避免人身伤害和人员责任事故的发生。

到岗到位人员负责监督检查方案、预案、措施的落实和执行，协调和指导生产作业风险管理的改进和提升。

三、作业组织与实施风险管控

地市公司级单位作业风险管控流程如图 3-2 所示。

1. 作业组织控制措施与要求

作业组织主要风险包括任务安排不合理、人员安排不合适、组织协调不力、资源配置不符合要求、方案措施不全面、安全教育不充分等。

风险管控的主要措施与要求如下所述。

（1）任务安排要严格执行月、周工作计划，系统考虑人、材、物的合理调配，综合分析时间与进度、质量、安全的关系，合理布置日工作任务，保证工作顺利完成。

（2）人员安排要开展班组承载力分析，合理安排作业力量。工作负责人胜任工作任务，作业人员技能符合工作需要，管理人员到岗到位。

（3）组织协调停电手续办理，落实动态风险预警措施，做好外协单位或其他配合单位的联系工作。

（4）资源调配满足现场工作需要，提供必要的设备材料、备品备件、车辆、机械、作业机具及安全工器具等。

（5）开展现场勘察，填写现场勘察单，明确需要停电的范围，保留的带电部位，作业现场的条件、环境及其他作业风险。

（6）方案制定科学严谨。根据现场勘察情况组织制定施工"三措"（组织

◆ 变电一次安装

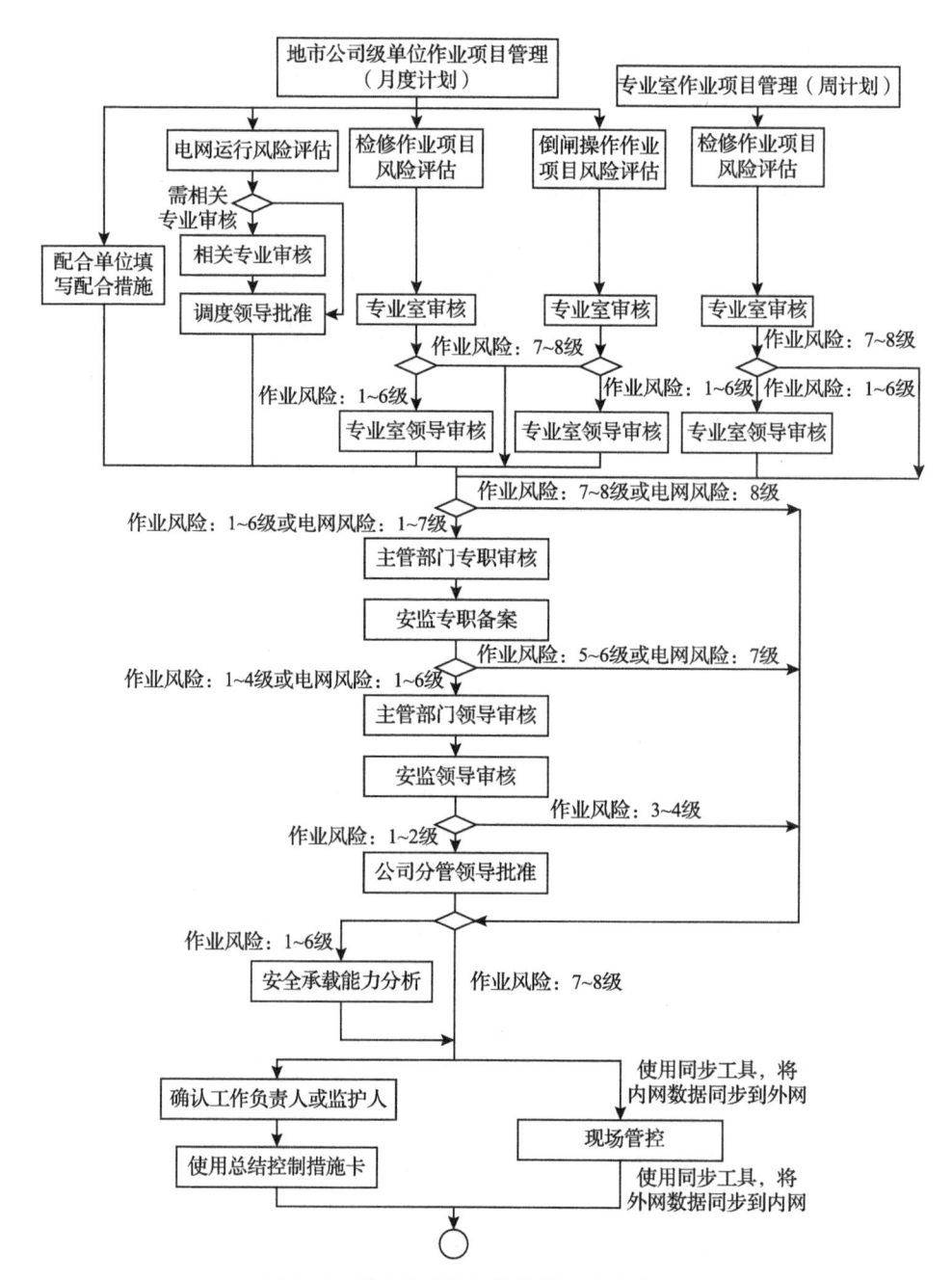

图 3-2 地市公司级单位作业风险管控流程

措施、技术措施、安全措施）、作业指导书，有针对性和可操作性。危险性、复杂性和困难程度较大的作业项目工作方案，应经本单位批准后结合现场实际执行。

（7）组织方案交底。组织工作负责人等关键岗位人员、作业人员（含外协人员）、相关管理人员进行交底，明确工作任务、作业范围、安全措施、技术措施、组织措施、作业风险及管控措施。

2. 作业安全风险库的建立与维护

生产班组负责根据《评估规范》，查找管辖范围内的危险因素，明确风险所在的地点和部位，对风险等级进行初评，形成风险事件并上报专业室（中心）。专业室（中心）负责对生产班组上报的风险事件进行审核、复评。一般、较大风险事件，由专业室（中心）在作业安全风险库中发布。重大风险事件，由专业室（中心）上报单位相关职能部门和安监部门，相关职能部门会同安监部门对重大风险审核确认后在作业安全风险库中发布。

作业安全风险库应及时导入日常安全生产和管理（如日常检查、专项检查、隐患排查、安全性评价等）中新发现的风险。职能部门每年组织专家，依据《评估规范》进行专项风险辨识，补充、完善作业安全风险库中相关风险事件。对风险事件的新增、消除和风险等级的变更等维护工作仍遵循逐级审核、发布的原则。

作业安全风险库模板如表 3-7 所示。

表 3-7 作业安全风险库模板

序号	地点	部位	风险描述	作业类别	伤害方式	可能性	频度	严重性	风险值	风险等级	控制措施	填报单位	发布时间

作业安全风险库包括地点、部位、风险描述、作业类别、伤害方式、风险值、控制措施和填报单位、发布时间等内容，其含义如下。

（1）地点是风险所在的变电站、高压室、配电站或线路。

（2）部位是风险所在的间隔、设备或线段。

（3）风险描述是风险可能导致事故的描述。

（4）作业类别包括变电运维、变电检修、输电运检、电网调度、配网运检五种。一个风险可对应多个作业类别。

（5）伤害方式一般包括触电、高处坠落、物体打击、机械伤害、误操作、交通事故、火灾、中毒、灼伤、动物伤害十种伤害方式。一个风险可对应多个伤害方式。

（6）风险值一般采用LEC法分析所得。

（7）控制措施是根据风险特点和专业管理实际所制定的技术措施或组织措施。

（8）填报单位是上报并跟踪管理的单位或部门。

（9）发布时间是审核批准后公开发布该风险的时间。

3. 作业项目风险等级评估

作业项目风险等级评估指针对某一类作业项目，综合考虑其技术难度、对电网的影响程度、发生事故的可能性和后果等因素，在对项目风险进行风险辨识后，依据作业项目风险评估标准划定作业项目的整体风险等级。作业项目的创建原则：一般以单条月度工作计划为一个作业项目；对于关联度较高的几条月度工作计划，可以合并成一个作业项目。

运检部门负责根据月度计划创建作业项目并下达到调控中心、配合单位和检修、运行专业室（中心）。

地市公司月度计划（周计划）均需进行电网风险评估。电网风险8级（1~29分），由调控中心领导审核；电网风险7级（30~39分），由主管部门专责审核；电网风险1~6级（40~100分），由主管部门领导审核、公司领导批准。作业项目风险7~8级（1~39分），专业室（中心）专责审核后直接执行；作业项目风险5~6级（40~59分），主管部门专责审核后执行；作业项目风险3~4级（60~79分），主管部门领导审核后执行；作业项目风险1~2级（80~100分），公司领导批准后执行。

专业室（中心）内部计划无须进行电网风险评估。作业项目风险7~8级（1~39分），专业室（中心）专责审核后直接执行；作业项目风险5~6级（40~59分），主管部门专责审核后执行；作业项目风险3~4级（60~79分），主管部门领导审核后执行；作业项目风险1~2级（80~100分），公司领导批准后执行。

县级公司周计划均需进行电网风险评估。电网风险8级（1~29分），由供电所领导审核；电网风险1~7级（30~100分），由主管部门领导审核、公司领导批准。作业项目风险7~8级（1~39分），供电所领导审核后直接执行；作业项目风险 5~6 级（40~59 分），主管部门专责审核后执行；作业项目风险 3~4 级（60~79 分），主管部门领导审核后执行；作业项目风险 1~2 级（80~100 分），公司领导批准后执行。

4. 现场实施主要风险及控制措施与要求

现场实施主要风险包括电气误操作、继电保护"三误"（误碰、误整定、误接线）、触电、高处坠落、机械伤害等。

现场实施风险控制的主要措施与要求如下所述。

（1）作业人员作业前经过交底并掌握方案。

（2）危险性、复杂性和困难程度较大的作业项目，作业前必须开展现场勘察，填写现场勘察单，明确工作内容、工作条件和注意事项。

（3）严格执行操作票制度。解锁操作应严格履行审批手续，并实行专人监护。接地线编号与操作票、工作票一致。

（4）工作许可人应根据工作票的要求在工作地点或带电设备四周设置遮栏（围栏），将停电设备与带电设备隔开，并悬挂警示标示牌。

（5）严格执行工作票制度，正确使用工作票、动火工作票、二次安全措施票和事故应急抢修单。

（6）组织召开开工会，交代工作内容、人员分工、带电部位和现场安全措施，告知危险点及防控措施。

（7）安全工器具、作业机具、施工机械检测合格，特种作业人员及特种设备操作人员持证上岗。

（8）对多专业配合的工作要明确总工作协调人，负责多班组各专业工作协调；复杂作业、交叉作业、危险地段、有触电危险等风险较大的工作要设立专责监护人员。

（9）操作接地是改变电气设备状态的接地，由操作人员负责实施，严禁检修工作人员擅自移动或拆除。工作接地是在操作接地实施后，在停电范围内的工作地点，对可能来电（含感应电）的设备端进行的保护性接地，由检修人员负责实施，并登录在工作票上。

（10）严格执行安全规程及现场安全监督，不走错间隔，不误登杆塔，不擅自扩大工作范围。

（11）全部工作完毕后，拆除临时接地线、个人保安接地线，恢复工作许可前设备状态。

（12）根据具体工作任务和风险度高低，相关生产现场领导和管理人员到岗到位。

5. 安全承载能力分析

作业项目负责人根据经审核、批准的作业项目风险评估结果开展班组安全承载能力分析。若安全承载能力无法满足作业项目风险等级，则及时调整人员安排和装备配置，直到安全承载能力与作业项目风险等级相匹配。

班组安全承载能力分析内容包括班组成员的技能等级、工作经验、安全积分，以及班组生产装备和安全工器具的匹配程度。

技能等级是依据个人所取得的员工安全技术等级确定，可与人员安全信息库中的数据匹配后自动生成。工作经验的分值由各单位依据员工实际情况定期发文公布，可与人员安全信息库中的数据匹配后自动生成。安全积分依据个人安全积分情况确定，可与人员安全信息库中的数据匹配后自动生成。生产装备和安全工器具的匹配程度，需要评估人员按照实际情况进行评估。

作业项目风险等级与安全承载能力分析评估得分的要求：1级风险作业的评估得分必须大于90分；2级风险作业的评估得分必须大于85分；3级风险作业的评估得分必须大于80分；4级风险作业的评估得分必须大于75分；5级风险作业的评估得分必须大于70分；6级风险作业的评估得分必须大于65分；7级、8级风险作业的评估得分必须大于60分。

6. 作业安全风险控制措施卡的使用

作业安全风险控制措施卡（简称"控制措施卡"）使用的一般要求如下所述。

（1）开展现场作业前，工作负责人查看作业项目风险评估结果并打印控制措施卡，必要时可补充、完善控制措施卡中的安全风险和控制措施。

（2）依据控制措施卡对现场作业存在的风险进行控制。控制措施卡在使用过程中遇到现场风险因素变更时，工作负责人（或值长）应将变更的危险因素填入控制措施卡，并制定、落实控制措施，必要时报请单位及相关职能部门批准后执行。

（3）及时总结控制措施卡的执行情况。

7. 应急处置

针对现场具体作业项目编制风险失控现场处置方案。组织作业人员学习并掌握现场处置方案。现场工作人员应定期接受培训，学会紧急救护法，会正确解脱电源，会心肺复苏法，会转移搬运伤员等。

第二节　作业安全风险辨识与控制

一、施工安全风险控制

1. 一般及以下施工安全风险控制管理

一般及以下施工安全风险等级工序作业由施工项目部组织开展风险控制。

（1）一般及以下固有风险工序作业前，施工项目部要复核各工序动态因素风险值，仍属二级风险的，按照常态安全管理组织施工。

（2）一般及以下固有风险动态升级为较大及以上风险的，要采取措施尽可能降低至一般及以下风险。否则，按照较大以上等级风险控制办法组织实施。

2. 较大及以上施工安全风险控制管理

（1）较大及以上固有风险工序作业前，施工项目部要组织进行实地复测，填写施工作业风险现场复测单，按照动态安全风险等级确定方法，计算动态风险等级。

（2）要优先采用针对性措施降低较大及以上施工工序风险等级。采取措施后仍然存在较大及以上风险的，要严格执行电网工程安全施工作业票B，制定电网工程施工作业风险控制卡，报监理项目部审查、业主项目部确认。

（3）较大及以上固有风险经过动态修正后出现重大风险的，要通过改善作业人员、机械设备、材料、施工方法、环境、安全管理六个维度中某些维度的条件，把风险等级降低为较大及以下之后，再行施工。

（4）采取措施后仍然出现重大风险作业工序时，施工项目部必须重新编制专项施工方案（含安全技术措施），业主项目部组织专家进行方案论证，并报省公司基建部备案。作业时各级管理人员要到岗到位，安全措施落实到位，条件不能满足时必须停止施工。

3. 较大及以上施工安全风险等级的施工要求

较大及以上施工安全风险等级的施工工序，相关人员进行作业监督检查，按作业步骤对风险控制卡逐项确认后，方可开展作业。

（1）作业负责人要在实际作业前组织对作业人员进行全员安全风险交底，安全风险交底与作业票交底同时进行并在作业票交底记录上全员签字。

（2）在作业过程中，施工负责人按照作业流程对电网工程安全施工作业票B中的作业风险控制卡逐项确认。

（3）监理项目部必须对作业进行旁站监理，并对电网工程安全施工作业票B执行情况进行确认。

（4）重大及以上风险等级作业时，业主项目部必须进行现场监督，并对电网工程安全施工作业票B的执行签字确认。

（5）各级人员要按要求加强对重大及以上风险等级作业现场的监督检查。

4. 特殊条件下施工安全风险控制

特殊条件（暴雨、雷雨、大雾、冰雪等恶劣天气时的户外作业）下，经动态因素调整后，风险等级低于一般的，考虑到作业条件的特殊性，应将风险等级按照较大及以上风险进行控制；极端情况下，应停止施工。

二、变电基建安装工程施工作业安全风险辨识与控制

（一）公共部分（见表3-8）

表3-8　变电基建安装工程施工作业安全风险辨识内容（公共部分）

序号	辨识项目	辨识内容
1	气象条件	六级以上大风，能见度小于20m；大雾、大雪、冰冻、雷雨天气时，暂时停止作业，待天气情况好转后继续进行
2	现场条件	现场勘察是否到位；施工方案是否正确；施工现场道路、施工用电等是否满足施工要求
3	作业人员	身体状况有无伤病；是否疲劳困乏；情绪是否异常；是否适合登高等大运动量作业；有无连续工作或家庭等其他原因影响
4	外来人员	新进人员、第一次参与作业人员，适当安排能胜任或辅助性工作，或安排师傅专门带领工作；非专业或明显不能胜任人员，增设专责监护人全程监护
5	工器具	脚扣、安全带等安全工器具应检查外观、试验标签等是否合格、齐全；起重搬运、安装工具（吊车、真空泵、钻床等）是否合格、操作规程是否齐全
6	安全措施	工作票、施工作业票是否正确、规范、合格；安全措施是否完备、有针对性；现场交底是否全面；安全监护是否落实到位

（二）专业部分

1. 构支架安装（见表3-9）

表3-9　构支架安装作业安全风险辨识内容及典型控制措施

序号	辨识项目	辨识内容	典型控制措施
1	排杆	物体打击、起重伤害	（1）杆管在现场倒运时，应采用吊车装卸；装卸时应用控制绳控制杆段方向，装车后必须绑扎牢固，周围掩牢防止滚动、滑脱；严禁采用直接滚动方法卸车 （2）采用人力滚动杆段时，应动作协调，滚动前方不得站人；杆段横向移动时，应随时将支垫处用木楔掩牢 （3）利用撬杠拨杆段时，应防止滑脱伤人，不得利用铁撬杠插入柱孔中转动杆身 （4）杆管排好后，支垫处应用木楔楔牢，防止杆管滚动伤人 （5）用吊车进行排杆时，吊车必须支撑平稳，且设专人指挥
2	横梁组装	物体打击、起重伤害、其他伤害	（1）螺栓的规格应符合设计要求，穿入方向应一致，即由内向外，由下向上；严禁强行穿入和气焊扩孔 （2）组装横梁主铁时，作业人员要配合一致，要有统一指挥，防止发生砸脚和挤手事故 （3）横梁预拱和螺栓紧固后，方可进行吊装
3	A型构架的吊装	起重伤害、高处坠落	（1）基础复测合格后进行吊装；基础复测时，测量人员应注意基础周围环境，防止摔伤 （2）吊车必须支撑平稳，必须设专人指挥，其他作业人员不得随意指挥吊车司机；吊臂及吊物下严禁站人或有人经过 （3）工程技术人员应对照构架的重量和高度选择吊车的吨位，计算出吊装所用的吊带、钢丝绳、卡扣的型号及临时拉线长度和地锚的荷重，并选用检验合格的吊具 （4）临时拉线绑扎点应靠近A型杆头，使临时拉线发挥最大拉力，保证构架的稳定性 （5）起吊时作业人员应在构架两根部绑扎控制溜绳，以便构架吊起时，控制杆晃动避免吊车折杆 （6）吊物至100mm左右，应停止起吊，指挥人员检查起吊系统的受力情况，确认无问题后，方可继续起吊 （7）架构吊起后应有人扶持将其缓慢放入基础杯口，起落过程应缓慢，严禁起速落 （8）构架立起后，用两台经纬仪在纵横轴线上校正构架中心及垂直度，根部用铁楔或木楔固定，两侧临时拉线锚固

续表

序号	辨识项目	辨识内容	典型控制措施
3	A型构架的吊装	起重伤害、高处坠落	（9）在绑扎临时拉线时，应由有经验的人员专职绑扎，其他作业人员不可随意绑扎 （10）临时拉线应用卡扣紧固 （11）固定构架的临时拉线应使用钢丝绳，不得用棕绳、尼龙绳替代 （12）混凝土强度达不到要求时，严禁拆除楔子和临时拉线 （13）在杆根部及临时拉线未固定好之前，严禁登杆作业
4	横梁吊装	起重伤害、高处坠落	（1）横梁吊装时所用的吊带或钢丝绳，在吊点处要有防护措施，防止因横梁的主铁将其卡断，造成重大安全事故 （2）吊装过程中横梁两端要用溜绳控制横梁方向，待横梁距就位点的正上方 200~300mm 稳定后，作业人员方可开始进入作业点 （3）在构架顶部安装横梁的作业人员，除严格遵守登高作业人员要求外，还要时刻防止横梁吊移将其撞倒 （4）作业人员在横梁外侧行走时，必须设置水平安全绳。水平安全绳绳索规格应为不小于 $\phi16$ 锦纶绳或 $\phi13$ 的钢丝绳，并在使用前对绳索进行外观检查。水平安全绳绳索两端应可靠固定，并收紧，绳索与棱角接触处加衬垫。架设高度离人员行走落脚点 1.3~1.6m 为宜
5	构支架、避雷针吊装及接地	触电（雷击伤害）	（1）在构支架、避雷针组立完成后，必须及时将构支架、避雷针进行接地 （2）接地网未形成的施工现场，必须增设临时接地装置
6	格构式构支架组立	物体打击、高处坠落、起重伤害	（1）组装过程中，作业人员还应互相照应，防止因斜材较长而相互刮伤 （2）设备支架也可直接在基础上组装，组装过程中，作业人员应上下配合好，严禁抛掷螺栓及其他铁件 （3）在构架吊起后与地脚螺栓对接的过程中，作业人员应注意不要手扶地脚螺栓处，避免构架突然落下将手压伤 （4）横梁就位时，施工人员严禁站在构架节点上方，应使用尖扳手定位，禁止用手指触摸螺栓固定孔。横梁就位后，应及时用螺栓固定 （5）整个组立过程中，作业人员应注意吊装时吊绳在吊点处的保护，防止吊绳在吊装过程中被卡断或受损

2. 变压器、电抗器安装（见表 3-10）

表 3-10　变压器、电抗器安装作业安全风险辨识内容及典型控制措施

序号	辨识项目	辨识内容	典型控制措施
1	吊罩检查	起重伤害、高处坠落	（1）变压器、电抗器（油浸式）安装，应编写专项的施工方案，并严格按方案施工 （2）吊罩时，吊车必须支撑平稳，设专人指挥，其他人员不得随意指挥吊车司机，吊臂下和钟罩下严禁站人或通行 （3）起吊应缓慢进行，钟罩吊离本体100mm左右，应停止起吊，使钟罩稳定，指挥人员检查起吊系统的受力情况，确认无问题后，方可继续起吊。作业人员应在钟罩四角系溜绳并进行监视，防止钟罩撞伤器身 （4）器身检查时，检查人员应穿无纽扣、无口袋、不起绒毛、干净的工作服和耐油防滑靴。检查人员应使用竹梯上下，严禁攀爬绕组。竹梯不得支靠在绕组上，竹梯两端必须用干净布包扎好，并设专人扶梯和监护 （5）回落钟罩时不许用手直接接触胶垫、圈，防止吊钩突然下滑压伤手指。使用圆钢作为定位销时，作业人员应将双手放在底座大沿下部握紧圆钢，严禁一手在大沿上部、另一手在大沿下部，防止作业人员因扶正钟罩发生伤手事故 （6）吊罩前后要清点所有物品、工具，发现有物品落入变压器内要及时报告并清除
2	附件安装	起重伤害、高处坠落	（1）在安装升高座、套管、油枕及顶部油管等时，必须牢固系好安全带，工具等用布带系好 （2）变压器顶部的油污应预先清理干净 （3）吊车指挥人员宜站在钟罩顶部进行指挥
3	抽真空及真空注油	火灾	（1）注油过程中，变压器本体应可靠接地，防止产生静电。在油处理区域应装设围栏，严禁烟火，配备消防设备 （2）注油和补油时，作业人员应打开变压器各处放气塞放气，气塞出油后应及时关闭，并确认通往油枕管路阀门已经开启 （3）需要动用明火时，必须办理动火工作票。明火点要远离滤油系统，其最小距离不得小于10m

续表

序号	辨识项目	辨识内容	典型控制措施
4	滤油	机械伤害、火灾	（1）滤油机电源用专用电源电缆，滤油机及油管路系统必须保护接地或保护接零牢固可靠，滤油机外壳接地电阻不得大于4Ω，金属油管路设多点接地 （2）滤油机应设专人操作和维护，严格按生产厂提供的操作步骤进行。滤油过程中，操作人员应加强巡视，防止跑油和其他事故发生 （3）滤油机应远离火源，应有防火措施

3. 管母线安装（见表 3-11）

表 3-11 管母线安装作业安全风险辨识内容及典型控制措施

序号	辨识项目	辨识内容	典型控制措施
1	管母线加工	机械伤害、触电、其他伤害	（1）现场加工坡口时，作业人员必须穿好工作服，戴好防护镜及手套，确认电源及电动机具的完好性 （2）坡口加工时应避免飞屑伤人，严禁手、脚接触运行中机具的转动部分，不得用手直接清理铝屑 （3）电动机具电源采用便携式电源盘时，要加装漏电保安器，并定期检验
2	支撑式安装	起重伤害、高处坠落	（1）支撑式管母线应采用吊车多点吊装，技术人员应根据管母的长度和重量，计算出吊绳的型号及吊点的位置 （2）吊装时，吊车必须支撑平稳，必须设专人指挥，其他作业人员不得随意指挥吊车司机，不得在吊件和吊车臂活动范围内的下方停留或通过 （3）起吊时，应在管母线两端系上足够长的调整绳以控制方向，并缓慢起吊 （4）调整支持绝缘子垂直度时，宜两人作业，作业人员应先系好安全带，再将其底座螺栓全部拧松，在垫垫片时应用工具送垫 （5）构架上作业人员不得攀爬悬垂绝缘子串作业，应使用专用爬梯，并系好安全带 （6）如果需要两台吊车吊装时，起吊指挥人员应双手分别指挥各台吊车以确保同步 （7）隔离开关静触头安装、管母线调整需用升降车进行，严禁使用吊管施工

续表

序号	辨识项目	辨识内容	典型控制措施
3	悬吊式安装	起重伤害、高处坠落	（1）管母线吊装过程中，设专人指挥，统一指挥信号，两端应同时起吊、同时就位悬挂；操作绞磨或卷扬机的作业人员，必须服从指挥，制动时动作要快，防止绝缘子与横梁相碰 （2）地面的各部转向滑轮设专人监护，严禁任何人在钢丝绳内侧停留或通过 （3）起吊时操作人员应精神集中，控制好起吊速度 （4）在横梁上的作业人员必须系好安全带和水平安全绳，地面应设专人监护

4. 软母线安装（见表 3-12）

表 3-12　软母线安装作业安全风险辨识内容及典型控制措施

序号	辨识项目	辨识内容	典型控制措施
1	档距测量及增量计算	高处坠落	（1）母线档距测量，应选择无风或微风的天气进行 （2）测量人员在横梁上测量时，除系好安全带外还应系水平安全绳，拉尺人员用力不要过猛
2	下料	物体打击、其他伤害	（1）放线应统一指挥，线盘应架设平稳，导线应从盘的上方引出，放线人员不得站在线盘的前面；当放到最后几圈时，应采取措施防止导线突然蹦出伤人 （2）截取导线时，严禁使用无齿锯切割，应使用手锯或切割器，防止导线产生倒钩伤手 （3）剥铝股及穿耐张线夹时，宜两人作业，应用手锯进行切割；使用手锯作业时，作业人员应精神集中，避免伤手
3	压接	机械伤害	（1）压接前，仔细检查压接机及软管是否完好，或外加保护胶管，防止液压油喷出伤人 （2）压接导线时，模具的上模盖板必须放置到位，压钳的端盖必须拧满扣且与本体对齐，防止施压时端盖蹦出、盖板弹出伤人 （3）使用电动液压机时，其外壳必须接地可靠牢固；停止作业、离开现场时应切断电源，并挂"严禁合闸"标志牌 （4）操作人员必须熟知机械性能，操作熟练；使用时，应设专人操作、专人维护；严禁跨越液压管，操作人员应避开管接头正前方操作

续表

序号	辨识项目	辨识内容	典型控制措施
4	母线安装	高处坠落、起重伤害	（1）架线前应先将滑轮分别悬挂在横梁的主材及固定在构架根部，横梁的主材及构架根部与钢丝绳接触部分应有防护措施 （2）滑轮的直径不应小于钢丝绳直径的16倍，滑轮应无裂纹、破损等情况 （3）悬挂横梁上滑轮时，高处作业人员应系好安全带，衣袖裤脚应扎紧，并应穿布鞋或胶底鞋；遇有六级以上大风、雷雨、浓雾等恶劣天气，应停止高处作业 （4）采用电动卷扬机牵引，应控制好其速度和张力，接近挂线点时必须停止牵引，应注意不要过牵引 （5）严禁使用卷扬机直接挂线连接，避免横梁因过牵引而变形 （6）使用绞磨时，磨绳在磨芯上缠绕圈数不得少于5圈，拉磨尾绳人员不得少于2人，并且距绞磨距离不得小于2.5m （7）两台绞磨同时作业时应统一指挥，绞磨操作人员应精神集中 （8）整个挂线过程中，母线下及钢丝绳内侧严禁站人或通过
5	母线跳线安装	高处坠落	（1）应进行跳线长度测量，测量人员在使用竹竿骑行作业时，应将安全绳系在横梁上，严禁测量人员不借用任何物件只身骑瓶测量 （2）安装跳线时，宜用升降车或骑杆作业，此时作业人员应带工具袋和传递绳，严禁上下抛物
6	设备引下线安装	高处坠落	（1）测量引下线长度时，作业人员宜采用升降车或梯子作业 （2）测量人员严禁攀爬设备绝缘子，对升降车不能到达的地方，测量人员可采取骑杆作业，但必须做好安全防范措施

5. 断路器安装（见表3-13）

表3-13　断路器安装作业安全风险辨识内容及典型控制措施

序号	辨识项目	辨识内容	典型控制措施
1	搬运与开箱	起重伤害、车辆伤害、其他伤害	（1）配合吊装的作业人员，应由掌握起重知识和有实践经验的人员担任 （2）吊装前，作业人员应检查吊装工具的完好性

第三章　作业安全风险辨识评估与控制

续表

序号	辨识项目	辨识内容	典型控制措施
1	搬运与开箱	起重伤害、车辆伤害、其他伤害	（3）吊装过程中，作业人员应听从吊装负责人的指挥，不得在吊件和吊车臂活动范围内的下方停留和通过，不得站在吊物上随吊臂移动 （4）起重臂升降时或吊件已升空时不得调整绑扎绳，需调整时必须让吊件落地后再调整 （5）确认吊挂完毕，待司索人员到达安全位置后，指挥人员才能发出起钩信号；当发现吊装作业有异常情况时，任何人员都有权利制止作业 （6）断路器搬运，应采取牢固的封车措施，车的行驶速度应小于 15km/h，作业人员不可与断路器混乘 （7）断路器应按先上盖后四周的顺序开箱，开箱作业人员相距不可太近，拆除的箱盖螺丝严禁向下抛掷，拆下的箱板应及时清理
2	本体安装	起重伤害、中毒、高处坠落、其他伤害	（1）吊装过程中应设专人指挥，指挥人员应站在能全面观察到整个作业范围及吊车司机和司索人员的位置，发出紧急信号时，任何工作人员必须停止吊装作业 （2）作业人员不可站在吊件和吊车臂活动范围内的下方，在吊物距就位点的正上方 200~300mm 稳定后，作业人员方可进入作业点 （3）吊装机构箱时，作业人员应双手扶持机构侧面，严禁手扶底面，防止压伤手指 （4）单柱式断路器本体安装时宜设控制绳，使用的临时支撑必须牢固，使用前进行检查 （5）作业人员宜站在马凳或脚手架搭设的平台上作业 （6）吊车将本体缓慢直立并移至机构正上方时，作业人员方可用手扶持本体法兰侧面缓慢就位 （7）分体运输的断路器，在灭弧室与支柱对接时，作业人员不得用手指触摸法兰螺孔，避免灭弧室突然落下伤手，吊装单柱式也应注意 （8）取出断路器中的吸附物时，作业人员应使用橡胶手套、防护镜及防毒口罩等防护用品 （9）安装均压环应在地面进行，当灭弧室吊立后及时安装，避免登高作业 （10）作业人员在高处使用扳手时，扳手与操作者手腕应设防坠绳 （11）摘除灭弧室吊绳时，作业人员宜使用升降车摘钩

91

续表

序号	辨识项目	辨识内容	典型控制措施
2	本体安装	起重伤害、中毒、高处坠落、其他伤害	（12）确认所有绳索从吊钩上卸下后再起钩，不允许吊车抖绳摘索，更不允许借助吊车臂的升降摘索 （13）不得抛掷控制绳和吊绳
3	充SF_6气体	中毒	（1）使用托架车搬运气瓶时，SF_6气瓶的安全帽、防震圈应齐全，安全帽应拧紧，应轻装轻卸 （2）施工现场气瓶应直立放置，并有防倒和防暴晒措施，气瓶应远离热源和油污的地方，不得与其他气瓶混放 （3）断路器充气时，必须使用减压阀 （4）开启和关闭瓶阀时必须使用专用工具，应速度缓慢；打开控制阀门时作业人员应站在充气口的侧面或上风口，应佩戴好劳动保护用品 （5）冬季施工时，SF_6气瓶严禁火烤

6. 隔离开关安装（见表 3-14）

表 3-14　隔离开关安装作业安全风险辨识内容及典型控制措施

序号	辨识项目	辨识内容	典型控制措施
1	本体安装	高处坠落、起重伤害、其他伤害	（1）吊装过程中设专人指挥，指挥人员应站在能全面观察到整个作业范围及吊车司机和司索人员的位置；发出紧急信号时，任何工作人员必须停止吊装作业 （2）作业人员不可站在吊件和吊车臂活动范围内的下方，在吊物距就位点的正上方 200~300mm 稳定后，作业人员方可进入作业点 （3）安装底座时应使用吊车进行，作业人员宜站在平台或马凳上安装，双手扶持在底座下部侧面，严禁一手在上、另一手在下 （4）作业人员搭设平台安装时，平台护栏应安装牢固，支撑点坚固，防止倾倒；安全带系在护栏上 （5）使用马凳进行安装时，应将马凳放置牢固并有人扶持；传递工具、材料要使用传递绳，不得抛掷 （6）严禁攀爬隔离开关绝缘支柱作业 （7）隔离开关在搬运时必须处于合闸位置；解除捆绑螺栓时，作业人员应在主闸刀的侧面，手不得扶持导电杆，避免主闸刀突然弹起伤及人身 （8）隔离开关联动装配所使用的切割、焊接设备，使用前必须进行安全性能检查，设备移动时必须停电

续表

序号	辨识项目	辨识内容	典型控制措施
2	静触头安装	高处坠落、物体打击	（1）对垂直设置的隔离开关，其静触头必须使用升降车或升降平台进行安装和调整，严禁利用吊车吊篮作业，应使用绳索传递工具、材料 （2）地面配合人员应站在可能坠物的坠落半径以外 （3）高处作业人员使用的工具及材料必须设防坠绳
3	机构箱安装	物体打击、其他伤害	（1）安装机构箱时，应扶稳机构箱，避免砸脚事故发生 （2）对于较重的机构箱，宜用三脚架配合手动葫芦进行吊装，拧紧操动机构与支架的连接螺栓后，方可松吊绳

7. 其他设备安装（互感器、电抗器、电容器、避雷器等）（见表 3-15）

表 3-15 其他设备安装作业安全风险辨识内容及典型控制措施

序号	辨识项目	辨识内容	典型控制措施
1	二次运输	车辆伤害、起重伤害、其他伤害	（1）二次运输时，宜使用吊车进行装卸 （2）装卸过程中作业人员不得在吊件和吊车臂活动范围内的下方停留或通过 （3）搬运过程中，应采取牢固的措施封车，车的行驶速度应小于 15km/h，并始终保证电压互感器、耦合电容器、避雷器等竖直、稳定放置，人不得在车厢内混乘
2	吊装	起重伤害、物体打击	（1）吊装过程中设专人指挥，指挥人员应站在能观察到整个作业范围及吊车司机和司索人员的位置；发出紧急信号时，任何工作人员及时停止吊装作业 （2）作业人员不得站在吊件和吊车臂活动范围内的下方 （3）用尼龙绳绑扎固定吊索时，必须指定熟练的技工担任，严禁其他作业人员随意绑扎 （4）起吊时应缓慢试吊，吊至距地面 200mm 左右时，应暂停起吊，进行调平，并设控制溜绳；距就位点的正上方 200~300mm 稳定后，作业人员方可进入作业点 （5）司索人员撤离具有坠落或倾倒的范围后，指挥人员方可下令起吊 （6）互感器吊到安装位置后，作业人员方可使用梯子进行就位固定；就位固定时作业人员的双手应扶持在互感器的侧面，严禁手握上沿 （7）作业人员严禁攀爬耦合电容器、避雷器作业

◆ 变电一次安装

续表

序号	辨识项目	辨识内容	典型控制措施
2	吊装	起重伤害、物体打击	（8）连接上下节时宜使用人字梯进行，作业人员登上人字梯前必须对人字梯的稳定性进行确认，特别是人字梯的铰链应结实牢固 （9）在校对螺栓孔和紧固螺丝时，作业人员应使用尖扳手或其他专业工具，严禁手指触摸校对；就位后紧固螺丝后方可拆除吊索

8. GIS 安装（见表 3-16）

表 3-16 GIS 安装作业安全风险辨识内容及典型控制措施

序号	辨识项目	辨识内容	典型控制措施
1	技术准备和现场布置	起重伤害、物体打击、高处坠落、中毒	（1）室外安装 GIS 时，施工场地必须清洁，在其施工范围内搭设临时围栏，与其他施工场地隔开；设置安全通道、警示标志 （2）技术人员应根据 GIS 的单体重量配备吊车、吊绳，计算出吊绳的长度及夹角、起吊时吊臂的角度及吊臂伸展长度，同时还要考虑吊车的转杆半径和起吊高度；户内天吊必须经过有关部门验收合格后方可使用；操作吊车、天吊的人员必须经过培训，合格后持证上岗 （3）现场技术负责人对所有参加施工作业人员进行安全技术交底，指明作业过程中的危险点和危险源，接受交底人员必须在交底记录上签字 （4）按作业项目区域定置平面图要求进行施工作业现场布置
2	室内外 GIS 就位	起重伤害、物体打击、高处坠落	（1）GIS 就位前，作业人员应将作业现场所有孔洞用铁板或强度满足要求的木板盖严，避免人员摔伤 （2）在用吊车把 GIS 设备主体吊送至户内通道口的过程中，必须设专人指挥，其他作业人员不得随意指挥吊车司机 （3）GIS 吊离地面 100mm 时，应停止起吊，检查吊车、钢丝绳扣是否平稳牢靠，确认无误后方可继续起吊；起吊后任何人不得在 GIS 吊移范围内停留或走动 （4）通道口在楼上时，作业人员应在楼上平台铺设钢板，使 GIS 对楼板的压力得到均匀分散 （5）作业人员在楼上迎接 GIS 时，应时刻注意周围环境，特别是在外沿的作业人员更要注意防止高处坠落，必要时应系安全带

续表

序号	辨识项目	辨识内容	典型控制措施
2	室内外GIS就位	起重伤害、物体打击、高处坠落	（6）用天吊就位GIS时，作业人员除应遵守上述吊车作业要求外，操作人员应在所吊GIS的后方或侧面操作 （7）GIS主体设备就位应放置在滚杠上，利用链条葫芦或人工绞磨等牵引设备作为牵引动力源，严禁用撬杠直接撬动设备；GIS后方严禁站人，防止滚杠弹出伤人 （8）牵引前作业人员应检查所有绳扣、滑轮及牵引设备，确认无误后方可牵引；工作结束或操作人员离开牵引机时必须断开电源 （9）操作绞磨人员应精神集中，要根据指挥人员的信号或手势开动或停止，停止时速度要快；牵引时应平稳匀速，并有制动措施 （10）GIS就位拆箱时，作业人员应相互照应，特别是在拆较高大包装箱时，应用人扶住，防止包装板突然倒塌伤人
3	GIS母线及母线筒对接	其他伤害	对接过程，作业人员可使用撬杠做小距离的移动，但应特别注意，手不要扶在母线筒等设备的法兰对接处，避免将手挤伤；使用撬杠时，不要用力过猛，防止滑杠伤人及碰撞设备
4	抽真空、充气	中毒	（1）抽真空过程中应设专用电源，并设专人巡视 （2）户外GIS充气时，SF_6气体瓶必须有减压阀；作业人员必须站在气瓶的侧后方或逆风处，并戴手套和口罩，防止瓶嘴漏气造成人员中毒 （3）室内GIS充气时，作业人员应将窗门及排风设备打开，特别是间接充气时，作业人员在排氮气时应戴防毒面具，防止氮气中毒 （4）在充SF_6气体过程中，作业人员应进行不间断巡视，随时查看气体检测仪是否正常，并检查通风装置运转是否良好、空气是否流通；如有异常，立即停止作业，组织施工人员撤离现场 （5）施工现场应准备气体回收装置，发现有漏气或气体检验不合格时，应立即回收，防止SF_6气体污染环境
5	试验	触电	（1）耐压试验应将GIS与主变压器断开，与进、出线断开，同时还应将电压互感器、避雷器断开，试验后再安装恢复 （2）进入地下施工现场时，要随时查看气体检测仪是否正常，并检查通风装置运转是否良好、空气是否流通；如有异常，立即停止作业，组织施工人员撤离现场

续表

序号	辨识项目	辨识内容	典型控制措施
5	试验	触电	（3）高压试验设安全围栏，向外悬挂"止步，高压危险！"的标志牌，设立警戒 （4）高压试验设备的外壳必须接地，接地必须良好可靠；高压试验时，高压引线长度适当，不可过长，引线用绝缘支架固定

三、变电改、扩建工程施工作业安全风险辨识与控制

（一）公共部分（见表3-17）

表3-17 变电改、扩建工程施工作业安全风险辨识内容（公共部分）

序号	辨识项目	辨识内容
1	气象条件	六级以上大风，能见度小于20m，大雾、大雪、冰冻、雷雨天气时，暂时停止作业，待天气情况好转后继续进行
2	现场条件	现场勘察是否到位，施工方案是否正确，施工现场道路、施工用电等是否满足施工要求；改、扩建设备与邻近带电设备安全距离是否符合要求
3	作业人员	身体状况有无伤病；是否疲劳困乏；情绪是否异常；是否适合登高等大运动量作业；有无连续工作或家庭等其他原因影响
4	外来人员	新进人员、第一次参与作业人员，适当安排能胜任或辅助性工作，或安排师傅专门带领工作；非专业或明显不能胜任人员，增设专责监护人全程监护
5	工器具	脚扣、安全带等安全工器具应检查外观、试验标签等是否合格、齐全；起重搬运、安装工具（吊车、真空泵、钻床等）是否合格、操作规程是否齐全
6	安全措施	工作票、施工作业票是否正确、规范、合格；安全措施是否完备、有针对性；现场交底是否全面；安全监护是否落实到位

（二）专业部分（见表3-18）

表3-18　变电改扩建工程施工作业安全风险辨识内容与典型控制措施（专业部分）

序号	辨识项目	辨识内容	典型控制措施
1	作业前的准备工作	触电	（1）进入运行变电站工作前，应提前一周向建设单位或运行单位报出施工计划、施工组织、技术/安全措施、人员安全考试等资料；经建设单位或运行单位审查合格后，发放允许进入变电站的工作证 （2）严格执行工作票制度，作业前，施工单位的工作负责人应按规定办理第一种或第二种工作票 （3）必须设专职安全人员，进行施工全过程的安全监护，不得脱岗，严禁只设兼职安全员 （4）所用的吊车司机和指挥人员应有在带电区域作业经验，施工作业人员必须听从指挥 （5）安全技术交底必须详细全面，作业的每一个细节都应向作业人员交代清楚，必要时应带领作业人员到现场进行实地交底；对迟到人员，工作负责人应单独进行安全技术交底，必须详细不得漏项 （6）按作业项目区域定置平面图要求进行施工作业现场布置，规范作业人员的活动范围和机械设备的站位
2	材料、设备搬运	触电	（1）搬运前，作业人员应规划出搬运路径，对较高大的设备要测算出对电距离 （2）安全距离小于规定的要求时，作业人员应在运维人员的指导监督下，确定可靠的安全防护措施 （3）搬运过程中作业人员严禁站在设备顶部，能卧式运输的设备严禁站立搬运 （4）使用吊车卸车和吊装时，吊车司机和指挥人员应熟悉作业环境，并计算吊臂伸出的长度、角度及回转半径，防止触电及感应触电事故的发生 （5）搬运梯子及较长物体时，应由两人放倒抬运
3	邻近带电作业	触电、电网事故	（1）在带电区域作业时，应避开阴雨及大风天气 （2）作业人员严禁进入正在运行的间隔，应在规定的范围内作业 （3）严禁作业人员不执行工作票制度，擅自扩大工作范围 （4）安装断路器、隔离开关、电流互感器、电压互感器等较大设备时，作业人员应在设备底部捆绑控制绳，防止设备摇摆

续表

序号	辨识项目	辨识内容	典型控制措施
3	邻近带电作业	触电、电网事故	（5）拆装端子上两端设备连接线时，宜用升降车或梯子进行；拆掉后的设备连接线用尼龙绳固定，防止设备连接线摆动造成母线损坏 （6）在母线和横梁上作业或新增设母线与带电母线靠近、平行时，母线应接地；制定严格的防静电措施；作业人员应穿屏蔽服作业 （7）采用升降车作业时，应两人进行，一人作业，另一人监护；升降车应可靠接地 （8）拆挂母线时，应有防止钢丝绳和母线弹到邻近带电设备或母线上的措施
4	设备安装	触电、火灾	（1）施工作业人员必须经值班人员许可后进入作业区域，并在值班人员做好隔离措施后方可作业，非作业人员严禁入内 （2）拆装盘、柜等设备时，作业人员应动作轻慢，防止振动

第四章

隐患排查治理

第一节 概 述

隐患排查治理应树立"隐患就是事故"的理念，坚持"谁主管、谁负责"和"全面排查、分级管理、闭环管控"的原则，逐级建立排查标准，实行分级管理，做到全过程闭环管控。

一、定义与分级分类

安全隐患，是在生产经营活动中，违反国家和电力行业安全生产法律法规、规程标准以及公司安全生产规章制度，或其他因素可能导致安全事故（事件）发生的物的不安全状态、人的不安全行为、场所的不安全因素和安全管理方面的缺失等。

1. 根据隐患的危害程度，分类隐患

根据隐患的危害程度，隐患分为重大隐患、较大隐患、一般隐患三个等级。

（1）重大隐患主要包括可能导致以下后果的安全隐患：

①一至三级人身事件。

②一至四级电网、设备事件。

③五级信息系统事件。

④水电站大坝溃决、漫坝、水淹厂房事件。

⑤较大及以上火灾事故。

⑥违反国家、行业安全生产法律法规的管理问题。

（2）较大隐患主要包括可能导致以下后果的安全隐患：

①四级人身事件。

②五至六级电网、设备事件。

③六至七级信息系统事件。

④一般火灾事故。

⑤其他对社会及公司造成较大影响的事件。

⑥违反省级地方性安全生产法规和公司安全生产管理规定的管理问题。

（3）一般隐患主要包括可能导致以下后果的安全隐患：

①五级人身事件。

②七至八级电网、设备事件。

③八级信息系统事件。

④违反省公司安全生产管理规定的管理问题。

上述人身、电网、设备和信息系统事件，依据《国家电网有限公司安全事故调查规程》（国家电网安监〔2020〕820号）认定。火灾事故等依据国家有关规定认定。

2. 根据隐患产生原因和导致事故（事件）类型，分类隐患

根据隐患产生原因和导致事故（事件）类型，隐患分为系统运行、设备设施、人身安全、网络安全、消防安全、水电及新能源、危险化学品、电化学储能、特种设备、通用航空、安全管理和其他等十二类。

二、职责分工

（1）安全隐患所在单位是隐患排查、治理和防控的责任主体。各级单位主要负责人对本单位隐患排查治理工作负全面领导责任，分管负责人对分管业务范围内的隐患排查治理工作负直接领导责任。

（2）各级安全生产委员会负责建立健全本单位隐患排查治理规章制度，组织实施隐患排查治理工作，协调解决隐患排查治理重大问题、重要事项，提供资源保障并监督治理措施落实。

（3）各级安委办负责隐患排查治理工作的综合协调和监督管理，组织安委会成员部门编制、修订隐患排查标准，对隐患排查治理工作进行监督检查和评价考核。

（4）各级安委会成员部门按照"管业务必须管安全"的原则，负责专业范

围内隐患排查治理工作。各级设备（运检）、调度、建设、营销、互联网、产业、水新、后勤等部门负责本专业隐患标准编制、排查组织、评估认定、治理实施和检查验收工作；各级发展、财务、物资等部门负责隐患治理所需的项目、资金和物资等投入保障。

（5）各级从业人员负责管辖范围内安全隐患的排查、登记、报告，按照职责分工实施防控治理。

（6）各级单位将生产经营项目或工程项目发包、场所出租的，应与承包、承租单位签订安全生产管理协议，并在协议中明确各方对安全隐患排查、治理和管控的管理职责；对承包、承租单位隐患排查治理进行统一协调和监督管理，定期进行检查，发现问题及时督促整改。

第二节 隐患标准及隐患排查

一、隐患标准

（1）公司总部以及省、市公司级单位应分级分类建立隐患排查标准，明确隐患排查内容、排查方法和判定依据，指导从业人员准确判定、及时整改安全隐患。

（2）隐患排查标准编制应依据安全生产法律法规和规章制度，结合公司反事故措施和安全事故（事件）暴露的典型问题，确保内容具体、依据准确、责任明确。

（3）隐患排查标准编制应坚持"谁主管、谁编制"和"分级编制、逐级审查"的原则，各级安委办负责制定隐患排查标准编制规范，各级专业部门负责本专业排查标准编制。

①公司总部组织编制重大隐患标准和较大隐患通用标准，并对下级单位较大隐患标准进行指导审查。

②省公司级单位补充完善较大隐患排查标准，组织编制一般隐患通用标准，并对下级单位一般隐患标准进行指导审查。

③地市公司级单位补充完善一般隐患排查标准，形成覆盖各专业、各等级的安全隐患排查标准。

（4）各专业隐患排查标准编制完成后，由本单位安委办负责汇总、审查，经本单位安委会审议后，以正式文件发布。

（5）各级专业部门应将隐患排查标准纳入安全培训计划，逐级开展培训，指导从业人员准确掌握隐患排查内容、排查方法，提高全员隐患排查发现能力。

（6）隐患排查标准实行动态管理，各级单位应每年对隐患排查标准的针对性、有效性进行评估，结合安全生产法律法规、规章制度"立改废释"，以及安全事故（事件）暴露的问题滚动修订，每年3月底前更新发布。

二、隐患排查

（1）各级单位应在每年6月底前，对照隐患排查标准，组织开展一次涵盖安全生产各领域、各专业、各环节的安全隐患全面排查。各级专业部门应加强本专业隐患排查工作指导，对于专业性较强、复杂程度较高的隐患必要时组织专业技术人员或专家开展诊断分析。

（2）针对排查发现的安全隐患，隐患所在工区、班组应依据隐患排查标准进行初步评估定级，利用公司安全隐患管理信息系统建立档案，形成本工区、班组安全隐患数据库，并汇总上报至相关专业部门。

（3）各相关专业部门收到安全隐患报送信息后，应对照安全隐患排查标准，组织对本专业安全隐患进行专业审查，评估认定隐患等级，形成本专业安全隐患数据库。一般隐患由县公司级单位评估认定，较大隐患由市公司级单位评估认定，重大隐患由省公司级单位评估认定。

（4）各级安委办对各专业安全隐患数据库进行汇总、复核，经本单位安委会审议后，报上级单位审查。

①市公司级单位安委会审议基层单位和本级排查发现的安全隐患，对一般隐患审议后反馈至隐患所在单位，对较大及以上隐患报省公司级单位审查。

②省公司级单位安委会审议地市公司级单位和本级排查发现的安全隐患，对较大隐患审议后反馈至隐患所在单位，对重大隐患报公司总部审查。

③公司总部安委会审议省公司级单位和本级排查发现的安全隐患，对重大隐患审议后反馈至隐患所在单位。

（5）对于6月份全面排查周期结束后出现的隐患，各单位应结合日常巡视、季节性检查等，开展常态化排查。

（6）对于国家、行业及地方政府部署开展的安全生产专项行动，各单位应在现行隐患排查标准的基础上，补充相关排查条款，开展针对性排查。

（7）对于公司系统安全事故（事件）暴露的典型问题和家族性隐患，各单位应举一反三开展事故类比排查。

（8）各单位应在上半年全面排查和逐级审查基础上，分层分级建立本单位安全隐患数据库，并结合日常排查、专项排查和事故类排查滚动更新。

第三节　隐患治理及重大隐患管理

一、隐患治理

（1）隐患一经确定，隐患所在单位应立即采取防止隐患发展的安全控制措施，并根据隐患具体情况和紧急程度，制订治理计划，明确治理单位、责任人和完成时限，限期完成治理，做到责任、措施、资金、期限和应急预案"五落实"。

（2）各级专业部门负责组织制订本专业隐患治理方案或措施，重大隐患由省公司级单位制定治理方案，较大隐患由市公司级单位制定治理方案或治理措施，一般隐患由县公司级单位制订治理措施。

（3）各级安委会应及时协调解决隐患治理有关事项，对需要多专业协同治理的明确治理责任、措施和资金，对于需要地方政府部门协调解决的应及时报告政府有关部门，对于超出本单位治理能力的应及时报送上级单位协调治理。

（4）各级单位应将隐患治理所需项目、资金作为项目储备的重要依据，纳入综合计划和预算优先安排。公司总部及省、地市公司级单位应建立隐患治理绿色通道，对计划和预算外急需实施治理的隐患，及时调剂和保障所需资金和物资。

（5）隐患所在单位应结合电网规划、电网建设、技改大修、检修运维、规章制度"立改废释"等及时开展隐患治理，各专业部门应加强专业指导和督导检查。

（6）对于重大隐患治理完成前或治理过程中无法保证安全的，应从危险区域内撤出相关人员，设置警示标志，暂时停工停产或停止使用相关设备设施，并及时向政府有关部门报告；治理完成并验收合格后方可恢复生产和使用。

（7）对于因自然灾害可能引发事故灾难的隐患，所属单位应当按照有关规定进行排查治理，采取可靠的预防措施，制定应急预案。接到有关自然灾害预报时，应当及时发出预警通知；发生自然灾害可能危及人员安全的情况时，应当采取停止作业、撤离人员、加强监测等安全措施。

（8）各级安委办应开展隐患治理挂牌督办，公司总部挂牌督办重大隐患，省公司级单位挂牌督办较大隐患，市公司级单位挂牌督办治理难度大、周期长的一般隐患。

（9）隐患治理完成后，隐患治理单位在自验合格的基础上提出验收申请，相关专业部门应在申请提出后一周内完成验收，验收合格报本单位安委办予以销号，不合格重新组织治理。

①重大隐患治理结果由省公司级单位组织验收，结果向国网安委办和相关专业部门报告。

②较大隐患治理结果由地市公司级单位组织验收，结果向省公司安委办和相关专业部门报告。

③一般隐患治理结果由县公司级单位组织验收，结果向地市公司级安委办和相关专业部门报告。

④涉及国家、行业监管部门、地方政府挂牌督办的重大隐患，在治理工作结束后，应及时将有关情况报告相关政府部门。

（10）各级安委办应组织相关专业部门定期向安委会汇报隐患治理情况，对于共性问题和突出隐患，深入分析隐患成因，从管理和技术角度制定防范措施，从源头抑制隐患增量。

（11）各级单位应运用安全隐患管理信息系统，实现隐患排查治理工作全过程记录和"一患一档"管理。重大隐患相关文件资料应及时向本单位档案管理部门移交归档。

隐患档案应包括以下信息：隐患简题、隐患内容、隐患编号、隐患所在单位、专业分类、归属职能部门、评估定级、治理期限、资金落实、治理完成情况等。隐患排查治理过程中形成的会议纪要、正式文件、治理方案、应急预案、验收报告等应归入隐患档案。

（12）各级单位应将隐患排查治理情况如实记录，并通过职工大会或者职工代表大会、信息公示栏等方式向从业人员通报。各级单位应在月度安全生产会议上通报本单位隐患排查治理情况，各班组应在安全日活动上通报本班组隐患排查治理情况。

（13）各级单位应建立隐患季度分析、年度总结制度，各级专业部门应定期向本级安委办报送专业隐患排查治理工作，省公司级安委办每季度末月20日前向公司总部报送季度工作总结，次年1月5日前通过公文报送上年度工作总结。

（14）各级安委办按规定向国家能源局及其派出机构、地方政府有关部门报告安全隐患统计信息和工作总结。各级单位应做好沟通协调，确保报送数据的准确性和一致性。

二、重大隐患管理

（1）重大隐患应执行即时报告制度，各单位评估为重大隐患的，应于2个工作日内报总部相关专业部门及国网安委办，并向所在地区政府安全监管部门和电力安全监管机构报告。

重大隐患报告内容应包括：隐患的现状及其产生原因；隐患的危害程度和整改难易程度分析；隐患的治理方案。

（2）重大隐患应制定治理方案。

重大隐患治理方案应包括：治理目标和任务；采取的方法和措施；经费和物资的落实；负责治理的机构和人员；治理时限和要求；防止隐患进一步发展的安全措施和应急预案等。

（3）重大隐患治理应执行"两单一表"（签发督办单—制定管控表—上报反馈单）制度，实现闭环监管。

①签发安全督办单。国网安委办获知或直接发现所属单位存在重大隐患的，安委办主任或副主任签发安全督办单，对省公司级单位整改工作进行全程督导。

②制定过程管控表。省公司级单位在接到安全督办单10日内，编制安全整改过程管控表，明确整改措施、责任单位（部门）和计划节点，由安委会主任签字、盖章后报国网安委办备案，国网安委办按照计划节点进行督导。

③上报整改反馈单。省公司级单位完成整改后5日内，填写安全整改反馈单，并附佐证材料，由安委会主任签字、盖章后报国网安委办备案。

（4）各级单位重大隐患排查治理情况应及时向政府负有安全生产监督管理职责的部门和本单位职工大会或职工代表大会报告。

第五章

生产现场的安全设施

安全设施是在生产现场经营活动中将危险因素、有害因素控制在安全范围内，以及预防、减少、消除危害所设置的安全标志、设备标志、安全警示线、安全防护设施等的统称。变电站内生产活动所涉及的场所、设备（设施）、检修施工等特定区域以及其他有必要提醒人们注意危险有害因素的地点，应配置标准化的安全设施。

安全设施的配置要求如下所述。

（1）安全设施应清晰醒目、规范统一、安装可靠、便于维护，适应使用环境要求。

（2）安全设施所用的颜色应符合 GB 2893《安全色》的规定。

（3）变电设备（设施）本体或附近醒目位置应装设设备标志牌，涂刷相色标志或装设相位标志牌。

（4）变电站设备区与其他功能区、运行设备区与改（扩）建施工区之间应装设区域隔离遮栏。不同电压等级设备区宜装设区域隔离遮栏。

（5）生产场所安装的固定遮栏应牢固，工作人员出入的门等活动部分应加锁。

（6）变电站入口应设置减速线，变电站内适当位置应设置限高、限速标志。设置标志应易于观察。

（7）变电站内地面应标注设备巡视路线和通道边缘警戒线。

（8）安全设施设置后，不应构成对人身伤害、设备安全的潜在风险或妨碍正常工作。

第一节　安全标志

安全标志是指用来表达特定安全信息的标志，由图形符号、安全色、几何形状（边框）和文字构成。安全标志分禁止标志、警告标志、指令标志、提示标志四大基本类型和消防安全标志等特定类型。

一、一般规定

（1）变电站设置的安全标志包括禁止标志、警告标志、指令标志、提示标志四种基本类型和消防安全标志、道路交通标志等特定类型。

（2）安全标志一般使用相应的通用图形标志和文字辅助标志的组合标志。

（3）安全标志一般采用标志牌的形式，宜使用衬边，以使安全标志与周围环境之间形成较为强烈的对比。

（4）安全标志所用的颜色、图形符号、几何形状、文字，标志牌的材质、表面质量、衬边及型号选用、设置高度、使用要求应符合 GB 2894—2008《安全标志及其使用导则》的规定。

（5）安全标志牌应设在与安全有关场所的醒目位置，便于进入变电站的人们看到，并有足够的时间来注意它所表达的内容。环境信息标志宜设在有关场所的入口处和醒目处；局部环境信息应设在所涉及的相应危险地点或设备（部件）的醒目处。

（6）安全标志牌不宜设在可移动的物体上，以免标志牌随母体物体相应移动，影响认读。标志牌前不得放置妨碍认读的障碍物。

（7）多个标志在一起设置时，应按照警告、禁止、指令、提示类型的顺序，先左后右、先上后下地排列，且应避免出现相互矛盾、重复的现象。也可以根据实际，使用多重标志。

（8）安全标志牌应定期检查，如发现破损、变形、褪色等不符合要求时，应及时修整或更换。修整或更换时，应有临时的标志替换，以避免发生意外伤害。

（9）变电站入口，应根据站内通道、设备、电压等级等具体情况，在醒目位置按配置规范设置相应的安全标志牌。如"当心触电""未经许可不得入内""禁止吸烟""必须戴安全帽"等，并应设立限速的标识（装置）。

（10）设备区入口，应根据通道、设备、电压等级等具体情况，在醒目位置按配置规范设置相应的安全标志牌。如"当心触电""未经许可不得入内""禁止吸烟""必须戴安全帽"及安全距离等，并应设立限速、限高的标识（装置）。

（11）各设备间入口，应根据内部设备、电压等级等具体情况，在醒目位置按配置规范设置相应的安全标志牌。如主控制室、继电器室、通信室、自动装置室应配置"未经许可不得入内""禁止烟火"；继电器室、自动装置室应配置"禁止使用无线通信"；高压配电装置室应配置"未经许可不得入内""禁止烟火"；GIS组合电器室、SF_6设备室、电缆夹层应配置"禁止烟火""注意通风""必须戴安全帽"等。

二、禁止标志及设置规范

禁止标志是禁止或制止人们不安全行为的图形标志。常用禁止标志名称、图形标志示例及设置规范见表5-1。

表5-1　常用禁止标志名称、图形标志示例及设置规范

序号	名称	图形标志示例	设置范围和地点
1	禁止吸烟	禁止吸烟	设备区入口、主控制室、继电器室、通信室、自动装置室、变压器室、配电装置室、电缆夹层、隧道入口、危险品存放点等处
2	禁止烟火	禁止烟火	主控制室、继电器室、蓄电池室、通信室、自动装置室、变压器室、配电装置室、检修、试验工作场所、电缆夹层、隧道入口、危险品存放点等处
3	禁止用水灭火	禁止用水灭火	变压器室、配电装置室、继电器室、通信室、自动装置室等处（有隔离油源设施的室内油浸设备除外）

第五章　生产现场的安全设施

续表

序号	名称	图形标志示例	设置范围和地点
4	禁止跨越		不允许跨越的深坑（沟）等危险场所、安全遮栏等处
5	禁止停留		对人员有直接危害的场所，如高处作业现场、吊装作业现场等处
6	未经许可不得入内		易造成事故或对人员有伤害的场所的入口处，如高压设备室入口、消防泵室、雨淋阀室等处
7	禁止堆放		消防器材存放处、消防通道、逃生通道及变电站主通道、安全通道等处
8	禁止使用无线通信		继电器室、自动装置室等处
9	禁止合闸有人工作		一经合闸即可送电到施工设备的断路器（开关）和隔离开关（刀闸）操作把手上等处

109

续表

序号	名称	图形标志示例	设置范围和地点
10	禁止合闸 线路有人工作	禁止合闸 线路有人工作	线路断路器（开关）和隔离开关（刀闸）把手上
11	禁止分闸	禁止分闸	接地刀闸与检修设备之间的断路器（开关）操作把手上
12	禁止攀登 高压危险	禁止攀登 高压危险	高压配电装置构架的爬梯上，变压器、电抗器等设备的爬梯上

三、警告标志及设置规范

警告标志是提醒人们注意周围环境，避免可能发生危险的图形标志。常用警告标志名称、图形标志示例及设置规范见表 5-2。

表 5-2 常用警告标志、图形标志示例及设置规范

序号	名称	图形标志示例	设置范围和地点
1	注意安全	注意安全	易造成人员伤害的场所及设备等处
2	注意通风	注意通风	SF_6 装置室、蓄电池室、电缆夹层、电缆隧道入口等处

续表

序号	名称	图形标志示例	设置范围和地点
3	当心火灾	当心火灾	易发生火灾的危险场所，如电气检修试验、焊接及有易燃易爆物质的场所
4	当心爆炸	当心爆炸	易发生爆炸危险的场所，如易燃易爆物质的使用或受压容器等地点
5	当心中毒	当心中毒	装有 SF_6 断路器、GIS 组合电器的配电装置室入口，生产、储运、使用剧毒品及有毒物质的场所
6	当心触电	当心触电	设置在有可能发生触电危险的电气设备和线路，如配电装置室、断路器等处
7	当心电缆	当心电缆	暴露的电缆或地面下有电缆处施工的地点
8	当心扎脚	当心扎脚	易造成脚部伤害的作业地点，如施工工地及有尖角散料等处
9	当心吊物	当心吊物	有吊装设备作业的场所，如施工工地等处
10	当心坠落	当心坠落	易发生坠落事故的作业地点，如脚手架、高处平台、地面的深沟（池、槽）等处

续表

序号	名称	图形标志示例	设置范围和地点
11	当心落物	当心落物	易发生落物危险的地点，如高处作业、立体交叉作业的下方等处
12	当心腐蚀	当心腐蚀	蓄电池室内墙壁等处
13	止步 高压危险	止步 高压危险	带电设备固定遮栏上，室外带电设备构架上，高压试验地点安全围栏上，因高压危险禁止通行的过道上，工作地点临近室外带电设备的安全围栏上，工作地点临近带电设备的横梁上等处

四、指令标志及设置规范

指令标志是强制人们必须做出某种动作或采用防范措施的图形标志。常用指令标志名称、图形标志示例及设置规范见表 5-3。

表 5-3 常用指令标志名称、图形标志示例及设置规范

序号	名称	图形标志示例	设置范围和地点
1	必须戴防毒面具	必须戴防毒面具	设置在具有对人体有害的气体、气溶胶、烟尘等作业场所，如有毒物散发的地点或处理有毒物造成的事故现场等处
2	必须戴安全帽	必须戴安全帽	设置在生产现场（办公室、主控制室、值班室和检修班组室除外）佩戴

续表

序号	名称	图形标志示例	设置范围和地点
3	必须戴防护手套		设置在易伤害手部的作业场所，如具有腐蚀、污染、灼烫、冰冻及触电危险的作业等处
4	必须穿防护鞋		设置在易伤害脚部的作业场所，如具有腐蚀、灼烫、触电、砸（刺）伤等危险的作业地点
5	必须系安全带		设置在易发生坠落危险的作业场所，如高处建筑、检修、安装等处

五、提示标志及设置规范

提示标志是向人们提供某种信息（如标明安全设施或场所等）的图形标志。常用提示标志名称、图形标志示例及设置规范见表5-4。

表5-4 常用提示标志名称、图形标志示例及设置规范

序号	名称	图形标志示例	设置范围和地点
1	在此工作	在此工作	设置在工作地点或检修设备上
2	从此上下	从此上下	设置在工作人员可以上下的铁（构）架、爬梯上

续表

序号	名称	图形标志示例	设置范围和地点
3	从此进出	从此进出	设置在工作地点遮栏的出入口处
4	紧急洗眼水		悬挂在从事酸、碱工作的蓄电池室、化验室等洗眼水喷头旁
5	安全距离	220kV设备不停电时的安全距离	根据不同电压等级标示出人体与带电体最小安全距离。设置在设备区入口处

六、消防安全标志及设置规范

消防安全标志是用来表达与消防有关的安全信息,由安全色、边框、以图像为主要特征的图形符号或文字构成的标志。

在变电站的主控制室、继电器室、通信室、自动装置室、变压器室、配电装置室、电缆隧道等重点防火部位入口处以及储存易燃易爆物品仓库门口处应合理配置灭火器等消防器材,在火灾易发生部位设置火灾探测和自动报警装置。

各生产场所应有逃生路线的标识,楼梯主要通道门上方或左(右)侧装设紧急撤离提示标志。

常用消防安全标志名称、图形标志示例及设置规范见表5-5。

表5-5 常用消防安全标志名称、图形标志示例及设置规范

序号	名称	图形标志示例	设置范围和地点
1	消防手动启动器		依据现场环境,设置在适宜、醒目的位置

第五章 生产现场的安全设施

续表

序号	名称	图形标志示例	设置范围和地点
2	火警电话		依据现场环境，设置在适宜、醒目的位置
3	消火栓箱		设置在生产场所构筑物内的消火栓处
4	地上消火栓		固定在距离消火栓1m的范围内，不得影响消火栓的使用
5	地下消火栓		固定在距离消火栓1m的范围内，不得影响消火栓的使用
6	灭火器		悬挂在灭火器、灭火器箱的上方或存放灭火器、灭火器箱的通道上。泡沫灭火器身上应标注"不适用于电火"字样
7	消防水带		指示消防水带、软管卷盘或消防栓箱的位置

续表

序号	名称	图形标志示例	设置范围和地点
8	灭火设备或报警装置的方向		指示灭火设备或报警装置的方向
9	疏散通道方向		指示紧急出口的方向。用于电缆隧道指向最近出口处
10	紧急出口		便于安全疏散的紧急出口处，与方向箭头结合设在通向紧急出口的通道、楼梯口等处
11	消防水池	1号消防水池	装设在消防水池附近醒目位置，并应编号
12	消防沙池（箱）	1号消防沙池	装设在消防沙池（箱）附近醒目位置，并应编号
13	防火墙	1号防火墙	在变电站的电缆沟（槽）进入主控制室、继电器室处和分接处、电缆沟每间隔约60m处应设防火墙，将盖板涂成红色，标明"防火墙"字样，并应编号

七、道路交通标志及设置规范

道路交通标志是用以管制及引导交通的一种安全管理设施。用文字和符号传递引导、限制、警告或指示信息的道路设施。

限制高度标志表示禁止装载高度超过标志所示数值的车辆通行。

限制速度标志表示该标志至前方解除限制速度标志的路段内，机动车行驶速度（单位为 km/h）不准超过标志所示数值。

变电站道路交通标志、图形标志示例及设置规范见表 5-6。

表 5-6　变电站道路交通标志、图形标志示例及设置规范

序号	名称	图形标志示例	设置范围和地点
1	限制高度标志	3.5m	设置在变电站入口处、不同电压等级设备区入口处等最大容许高度受限制地方
2	限制速度标志	5	设置在变电站入口处、变电站主干道及转角处等需要限制车辆速度的路段起点

第二节　设备标志

设备标志是用来标明设备名称、编号等特定信息的标志，由文字和（或）图形构成。设备标志由设备名称和设备编号组成。设备标志应定义清晰，具有唯一性。功能、用途完全相同的设备，其设备名称应统一。

设备标志的一般规定如下所述。

（1）设备标志牌应配置在设备本体或附件醒目位置。

（2）两台及以上集中排列安装的电气盘应在每台盘上分别配置各自的设备标志牌。两台及以上集中排列安装的前后开门电气盘前、后均应配置设备标志牌，且同一盘、柜前、后设备标志牌一致。

（3）GIS设备的隔离开关和接地开关标志牌根据现场实际情况装设，母线的标志牌按照实际相序位置排列，安装于母线筒端部；隔室标志安装于靠近本隔室取气阀门旁醒目位置，各隔室之间通气隔板周围涂红色，非通气隔板周围涂绿色，宽度根据现场实际确定。

（4）电缆两端应悬挂标明电缆编号名称、起点、终点、型号的标志牌，电力电缆还应标注电压等级、长度。

（5）各设备间及其他功能室入口处醒目位置均应配置房间标志牌，标明其功能及编号，室内醒目位置应设置逃生路线图、定置图（表）。

（6）电气设备标志文字内容应与调度机构下达的编号相符，其他电气设备的标志内容可参照调度编号及设计名称。一次设备为分相设备时应逐相标

◆ 变电一次安装

注，直流设备应逐级标注。

设备标志名称、图形标志示例及设置规范见表5-7。

表5-7 设备标志名称、图形标志示例及设置规范

序号	名称	图形标志示例	设置范围和地点
1	变压器（电抗器）标志牌	1号主变压器 1号主变压器 A相	（1）安装固定于变压器（电抗器）器身中部，面向主巡视检查路线，并标明名称、编号 （2）单相变压器每相均应安装标志牌，并标明名称、编号及相别 （3）线路电抗器每相应安装标志牌，并标明线路电压等级、名称及相别
2	主变压器（线路）穿墙套管标志牌	1号主变压器 10kV穿墙套管 Ⓐ Ⓑ Ⓒ 1号主变压器 10kV穿墙套管 Ⓑ	（1）安装于主变压器（线路）穿墙套管内、外墙处 （2）标明主变压器（线路）编号、电压等级、名称。分相布置的还应标明相别
3	滤波器组、电容器组标志牌	3601ACF 交流滤波器	（1）在滤波器组（包括交、直流滤波器，PLC噪声滤波器、RI噪声滤波器）、电容器组的围栏门上分别装设，安装于离地面1.5m处，面向主巡视检查路线 （2）标明设备名称、编号
4	阀厅内直流设备标志牌	020FQ 换流阀 A相 02DCTA 电流互感器	（1）在阀厅顶部巡视走道遮栏上固定，正对设备，面向走道，安装于离地面1.5m处 （2）标明设备名称、编号
5	滤波器、电容器组围栏内设备标志牌	C1电容器 R1电阻器 L1电抗器	（1）安装固定于设备本体上醒目处，本体上无位置安装时考虑落地固定，面向围栏正门 （2）标明设备名称、编号

118

续表

序号	名称	图形标志示例	设置范围和地点
6	断路器标志牌	500kV××线 5031断路器 500kV××线 5031断路器 A相	（1）安装固定于断路器操动机构箱上方醒目处 （2）分相布置的断路器标志牌安装在每相操动机构箱上方醒目处，并标明相别 （3）标明设备电压等级、名称、编号
7	隔离开关标志牌	500kV××线 50314隔离开关 500kV××线50314	（1）手动操作型隔离开关安装于隔离开关操动机构上方100mm处 （2）电动操作型隔离开关安装于操动机构箱门上醒目处 （3）标志牌应面向操作人员 （4）标明设备电压等级、名称、编号
8	电流互感器、电压互感器、避雷器、耦合电容器等标志牌	500kV××线 电流互感器 A相 220kV Ⅱ段母线 1号避雷器 A相	（1）安装在单支架上的设备，标志牌还应标明相别，安装于离地面1.5m处，面向主巡视检查路线 （2）三相共支架设备，安装于支架横梁醒目处，面向主巡视检查线路 （3）落地安装加独立遮栏的设备（如避雷器、电抗器、电容器、站用变压器、专用变压器等），标志牌安装在设备围栏中部，面向主巡视检查线路 （4）标明设备电压等级、名称、编号及相别
9	换流站特殊辅助设备标志牌	LTT换流阀空气冷却器 1号屋顶式组合空调机组	（1）安装在设备本体上醒目处，面向主巡视检查线路 （2）标明设备名称、编号
10	控制箱、端子箱标志牌	500kV××线 5031断路器端子箱	（1）安装在设备本体上醒目处，面向主巡视检查线路 （2）标明设备名称、编号

续表

序号	名称	图形标志示例	设置范围和地点
11	接地刀闸标志牌	500kV××线 503147 接地刀闸 A相 500kV × × 线 503147	（1）安装于接地刀闸操动机构上方100mm处 （2）标志牌应面向操作人员 （3）标明设备电压等级、名称、编号、相别
12	控制、保护、直流、通信等盘柜标志牌	220kV××线光纤纵差保护屏	（1）安装于盘柜前后顶部门楣处 （2）标明设备电压等级、名称、编号
13	室外线路出线间隔标志牌	220kV××线 A B C	（1）安装于线路出线间隔龙门架下方或相对应围墙墙壁上 （2）标明电压等级、名称、编号、相别
14	敞开式母线标志牌	220kV Ⅰ段母线 A B C 220kV Ⅰ段母线 B	（1）室外敞开式布置母线，母线标志牌安装于母线两端头正下方支架上，背向母线 （2）室内敞开式布置母线，母线标志牌安装于母线端部对应墙壁上 （3）标明电压等级、名称、编号、相序
15	封闭式母线标志牌	220kV Ⅰ段母线 A B C 10kV Ⅱ段母线 A B C	（1）GIS 设备封闭母线，母线标志牌按照实际相序排列位置，安装于母线筒端部 （2）高压开关柜母线标志牌安装于开关柜端部对应母线位置的柜壁上 （3）标明电压等级、名称、编号、相序
16	室内出线穿墙套管标志牌	10kV××线 A B C	（1）安装于出线穿墙套管内、外墙处 （2）标明出线线路电压等级、名称、编号、相序
17	熔断器、交（直）流开关标志牌	回路名称： 型号： 熔断电流：	（1）悬挂在二次屏中的熔断器、交（直）流开关处 （2）标明回路名称、型号、额定电流
18	避雷针标志牌	1号避雷针	（1）安装于避雷针距地面1.5m处 （2）标明设备名称、编号

续表

序号	名称	图形标志示例	设置范围和地点
19	明敷接地体	100mm	全部设备的接地装置（外露部分）应涂宽度相等的黄绿相间条纹。间距以100~150mm为宜
20	地线接地端（临时接地线）	接地端	固定于设备压接型地线的接地端
21	低压电源箱标志牌	220kV设备区电源箱	（1）安装于各类低压电源箱上的醒目位置 （2）标明设备名称及用途

第三节　安全警示线和安全防护设施

安全防护设施是防止外因引发的人身伤害、设备损坏而配置的防护装置和用具。

一、安全警示线

安全警示线的一般规定如下所述。

（1）安全警示线用于界定和分隔危险区域，向人们传递某种注意或警告的信息，以避免人身伤害。安全警示线包括禁止阻塞线、减速提示线、安全警戒线、防止碰头线、防止绊跤线、防止踏空线、生产通道边缘警戒线和设备区巡视路线等。

（2）安全警示线一般采用黄色或与对比色（黑色）同时使用。

安全警示线、图形标志示例及设置规范见表5-8。

表5-8　安全警示线、图形标志示例及设置规范

序号	名称	图形标志示例	设置范围和地点
1	禁止阻塞线		（1）标注在地下设施入口盖板上 （2）标注在主控制室、继电器室门内外；消防器材存放处；防火重点部位进出通道 （3）标注在通道旁边的配电柜前（800mm） （4）标注在其他禁止阻塞的物体前

续表

序号	名称	图形标志示例	设置范围和地点
2	减速提示线		标注在变电站站内道路的弯道、交叉路口和变电站进站入口等限速区域的入口处
3	安全警戒线		（1）设置在控制屏（台）、保护屏、配电屏和高压开关柜等设备周围 （2）安全警戒线至屏面的距离宜为300~800mm，可根据实际情况调整
4	防止碰头线		标注在人行通道高度小于1.8m的障碍物上
5	防止绊跤线		（1）标注在人行横道地面上高差300mm以上的管线或其他障碍物上 （2）采用45°间隔斜线（黄/黑）排列进行标注
6	防止踏空线		（1）标注在上下楼梯第一级台阶上 （2）标注在人行通道高差300mm以上的边缘处
7	生产通道边缘警戒线		（1）标注在生产通道两侧 （2）为保证夜间可见性，宜采用道路反光漆或强力荧光油漆进行涂刷
8	设备区巡视路线		标注在变电站室内外设备区道路或电缆沟盖板上

二、安全防护设施

安全防护设施是防止外因引发的人身伤害、设备损坏而配置的防护装置和用具。

安全防护设施的一般规定如下所述。

（1）安全防护设施用于防止外因引发的人身伤害，包括安全帽、安全工器具柜（室）、安全工器具试验合格证标志牌、接地线标志牌及接地线存放地点标志牌、固定防护遮栏、区域隔离遮栏、临时遮栏（围栏）、红布幔、孔洞盖板、爬梯遮栏门、防小动物挡板、防误闭锁解锁钥匙箱、防毒面具和正压式消防空气呼吸器等设施和用具。

（2）工作人员进入生产现场，应根据作业环境中所存在的危险因素，穿戴或使用必要的防护用品。

安全防护设施、图形标志示例及配置规范见表5-9。

表5-9 安全防护设施、图形标志示例及配置规范

序号	名称	图形标志示例	配置规范
1	安全帽	（红色）（蓝色）（白色）（黄色）（安全帽背面）	（1）安全帽用于作业人员头部防护。任何人进入生产现场（办公室、主控制室、值班室和检修班组室除外），应正确佩戴安全帽 （2）安全帽应符合GB 2811—2019《头部防护 安全帽》的规定 （3）安全帽前面有国家电网公司标志，后面为单位名称及编号，并按编号定置存放 （4）安全帽实行分色管理。红色安全帽为管理人员使用，黄色安全帽为运维人员使用，蓝色安全帽为检修（施工、试验等）人员使用，白色安全帽为外来参观人员使用
2	安全工器具柜（室）		（1）变电站应配备足量的专用安全工器具柜 （2）安全工器具柜应满足国家、行业标准及产品说明书关于保管和存放的要求 （3）安全工器具柜（室）宜具有温度、湿度监控功能，满足温度为 −15℃~+35℃、相对湿度为80%以下，保持干燥通风的基本要求

续表

序号	名称	图形标志示例	配置规范
3	安全工器具试验合格证标志牌	安全工器具试验合格证 名称_____ 编号_____ 试验日期____年__月__日 下次试验日期____年__月__日	（1）安全工器具试验合格证标志牌贴在经试验合格的安全工器具醒目处 （2）安全工器具试验合格证标志牌可采用粘贴力强的不干胶制作，规格为 60mm×40mm
4	接地线标志牌及接地线存放地点标志牌	编号：01 电压：220kV ××变电站 01号接地线	（1）接地线标志牌固定在接地线接地端线夹上 （2）接地线标志牌应采用不锈钢板或其他金属材料制成，厚度 1.0mm （3）接地线标志牌尺寸为 D=30~50mm，D_1=2.0~3.0mm （4）接地线存放地点标志牌应固定在接地线存放醒目位置
5	固定防护遮栏		（1）固定防护遮栏适用于落地安装的高压设备周围及生产现场平台、人行通道、升降口、大小坑洞、楼梯等有坠落危险的场所 （2）用于设备周围的遮栏高度不低于1700mm，设置供工作人员出入的门并上锁；防坠落遮栏高度不低于1050mm，并装设不低于100mm高的护板 （3）固定遮栏上应悬挂安全标志，位置根据实际情况而定 （4）固定遮栏及防护栏杆、斜梯应符合规定，其强度和间隙满足防护要求 （5）检修期间需将栏杆拆除时，应装设临时遮栏，并在检修工作结束后将栏杆立即恢复
6	区域隔离遮栏		（1）区域隔离遮栏适用于设备区与生活区的隔离、设备区间的隔离、改（扩）建施工现场与运行区域的隔离，也可装设在人员活动密集场所周围 （2）区域隔离遮栏应采用不锈钢或塑钢等材料制作，高度不低于1050mm，其强度和间隙满足防护要求

续表

序号	名称	图形标志示例	配置规范
7	临时遮栏（围栏）		（1）临时遮栏（围栏）适用于下列场所 ①有可能高处落物的场所 ②检修、试验工作现场与运行设备的隔离 ③检修、试验工作现场规范工作人员活动范围 ④检修现场安全通道 ⑤检修现场临时起吊场地 ⑥防止其他人员靠近的高压试验场所 ⑦安全通道或沿平台等边缘部位，因检修拆除常设栏杆的场所 ⑧事故现场保护 ⑨需临时打开的平台、地沟、孔洞盖板周围等 （2）临时遮栏（围栏）应采用满足安全、防护要求的材料制作。有绝缘要求的临时遮栏应采用干燥木材、橡胶或其他坚韧绝缘材料制成 （3）临时遮栏（围栏）高度为1050~1200mm，防坠落遮栏应在下部装设不低于180mm高的挡脚板 （4）临时遮栏（围栏）强度和间隙应满足防护要求，装设应牢固可靠 （5）临时遮栏（围栏）应悬挂安全标志，位置根据实际情况而定
8	红布幔		（1）红布幔适用于变电站二次系统上进行工作时，将检修设备与运行设备前后以明显的标志隔开 （2）红布幔尺寸一般为2400mm×800mm、1200mm×800mm、650mm×120mm，也可根据现场实际情况制作 （3）红布幔上印有"运行设备"字样，白色黑体字，布幔上下或左右两端设有绝缘隔离的磁铁或挂钩

续表

序号	名称	图形标志示例	配置规范
9	孔洞盖板	覆盖式 镶嵌式	（1）适用于生产现场需打开的孔洞 （2）孔洞盖板均应为防滑板，且应覆以与地面齐平的坚固的有限位的盖板。盖板边缘应大于孔洞边缘100mm，限位块与孔洞边缘距离不得大于25~30mm，网络板孔眼不应大于50mm×50mm （3）在检修工作中如需将盖板取下，应设临时围栏。临时打开的孔洞，施工结束后应立即恢复原状；夜间不能恢复的，应加装警示红灯 （4）孔洞盖板可制成与现场孔洞互相配合的矩形、正方形、圆形等形状，选用镶嵌式、覆盖式，并在其表面涂刷45°黄黑相间的等宽条纹，宽度宜为50~100mm （5）盖板拉手可做成活动式，或在盖板两侧设直径约8mm小孔，便于钩起
10	爬梯遮栏门	禁止攀登 高压危险 编号	（1）应在禁止攀登的设备、构架爬梯上安装爬梯遮栏门，并予编号 （2）爬梯遮栏门为整体不锈钢或铝合金板门。其高度应大于工作人员的跨步长度，宜设置为800mm左右，宽度应与爬梯保持一致 （3）在爬梯遮栏门正门应装设"禁止攀登 高压危险"的标志牌
11	防小动物挡板		（1）在各配电装置室、电缆室、通信室、蓄电池室、主控制室和继电器室等出入口处，应装设防小动物挡板，以防止小动物短路故障引发的电气事故 （2）防小动物挡板宜采用不锈钢、铝合金等不易生锈、变形的材料制作，高度应不低于400mm，其上部应设有45°黑黄相间色斜条防止绊跤线标志，标志线宽宜为50~100mm

第五章　生产现场的安全设施

续表

序号	名称	图形标志示例	配置规范
12	防误闭锁解锁钥匙箱	解锁钥匙箱	（1）防误闭锁解锁钥匙箱是将解锁钥匙存放其中并加封，根据规定执行手续后使用 （2）防误闭锁解锁钥匙箱为木质或其他材料制作，前面部为玻璃面，在紧急情况下可将玻璃破碎，取出解锁钥匙使用 （3）防误闭锁解锁钥匙箱存放在变电站主控制室
13	防毒面具和正压式消防空气呼吸器	过滤式防毒面具 正压式消防空气呼吸器	（1）变电站应按规定配备防毒面具和正压式消防空气呼吸器 （2）过滤式防毒面具是在有氧环境中使用的呼吸器 （3）过滤式防毒面具应符合 GB 2890—2022《呼吸防护自吸过滤式防毒面具》的规定。使用时，空气中氧气浓度不低于 18%，温度为 -30℃~+45℃，且不能用于槽、罐等密闭容器环境 （4）过滤式防毒面具的过滤剂有一定的使用时间，一般为 30~100min。过滤剂失去过滤作用（面具内有特殊气味）时，应及时更换 （5）过滤式防毒面具应存放在干燥、通风，无酸、碱、溶剂等物质的库房内，严禁重压。防毒面具的滤毒罐（盒）的贮存期为 5 年（3 年），过期产品应经检验合格后方可使用 （6）正压式消防空气呼吸器是用于无氧环境中的呼吸器 （7）正压式消防空气呼吸器应符合 XF 124—2013《正压式消防空气呼吸器》的规定 （8）正压式消防空气呼吸器在贮存时应装入包装箱内，避免长时间暴晒，不能与油、酸、碱或其他有害物质共同贮存，严禁重压

第六章
典型违章举例与事故案例分析

第一节 典型违章举例

一、Ⅰ类严重违章（生产变电）

（1）无日计划作业，或实际作业内容与日计划不符。

（2）超出作业范围未经审批。

（3）使用达到报废标准的或超出检验期的安全工器具。

（4）未经工作许可（包括在客户侧工作时，未获客户许可），即开始工作。

（5）工作负责人（作业负责人、专责监护人）不在现场，或劳务分包人员担任工作负责人（作业负责人）。

（6）作业人员不清楚工作任务、危险点。

（7）有限空间作业未执行"先通风、再检测、后作业"要求；未正确设置监护人；未配置或不正确使用安全防护装备、应急救援装备。

（8）同一工作负责人同时执行多张工作票。

（9）无票（包括作业票、工作票及分票、操作票、动火票等）工作、无令操作。

（10）存在高坠、物体打击风险的作业现场，人员未佩戴安全帽。

（11）高处作业、攀登或转移作业位置时失去安全保护。

（12）漏挂接地线或漏合接地刀闸。

（13）作业点未在接地保护范围。

上述（1）~（9）为管理违章，（10）~（13）为行为违章。

二、Ⅰ类严重违章（基建变电）

（1）无日计划作业，或实际作业内容与日计划不符。

（2）工作负责人（作业负责人、专责监护人）不在现场，或劳务分包人员担任工作负责人（作业负责人）。

（3）同一工作负责人同时执行多张工作票。

（4）使用达到报废标准的或超出检验期的安全工器具。

（5）超出作业范围未经审批。

（6）作业点未在接地保护范围。

（7）漏挂接地线或漏合接地刀闸。

（8）有限空间作业未执行"先通风、再检测、后作业"要求；未正确设置监护人；未配置或不正确使用安全防护装备、应急救援装备。

（9）存在高坠、物体打击风险的作业现场，人员未佩戴安全帽。

（10）无票（包括作业票、工作票及分票、操作票、动火票等）工作、无令操作。

（11）未经工作许可（包括在客户侧工作时，未获客户许可），即开始工作。

（12）作业人员不清楚工作任务、危险点。

（13）高处作业、攀登或转移作业位置时失去安全保护。

（14）对需要拆除全部或一部分接地线后才能进行的作业，未征得运维人员的许可擅自作业。

上述（1）~（4）为管理违章，（5）~（14）为行为违章。

三、Ⅱ类严重违章（生产变电）

（1）在带电设备周围使用钢卷尺、金属梯等禁止使用的工器具。

（2）擅自开启高压开关柜门、检修小窗，擅自移动绝缘挡板。

（3）超允许起重量起吊。

上述（1）~（3）为行为违章。

四、Ⅱ类严重违章（基建变电）

（1）在带电设备附近作业前未计算校核安全距离；作业安全距离不够且未采取有效措施。

（2）约时停、送电；带电作业约时停用或恢复重合闸。

（3）施工总承包单位或专业承包单位未派驻项目负责人、技术负责人、质量管理负责人、安全管理负责人等主要管理人员。合同约定由承包单位负责采购的主要建筑材料、构配件及工程设备或租赁的施工机械设备，由其他单位或个人采购、租赁。

（4）两个及以上专业、单位参与的改造、扩建、检修等综合性作业，未成立由上级单位领导任组长，相关部门、单位参加的现场作业风险管控协调组；现场作业风险管控协调组未常驻现场督导和协调风险管控工作。

（5）超允许起重量起吊。

（6）个人保安接地线代替工作接地线使用。

（7）在带电设备周围使用钢卷尺、金属梯等禁止使用的工器具。

（8）在运行站内使用吊车、高空作业车、挖掘机等大型机械开展作业，未经设备运维单位批准即改变施工方案规定的工作内容、工作方式等。

上述（1）~（4）为管理违章，（5）~（8）为行为违章。

五、Ⅲ类严重违章（生产变电）

（1）将高风险作业定级为低风险。

（2）现场作业人员未经安全准入考试并合格；新进、转岗和离岗3个月以上电气作业人员，未经专门安全教育培训，并经考试合格上岗。

（3）安全风险管控监督平台上的作业开工状态与实际不符；作业现场未布设与平台作业计划绑定的视频监控设备，或视频监控设备未开机、未拍摄现场作业内容。

（4）特种设备作业人员、特种作业人员、危险化学品从业人员未依法取得资格证书。

（5）应拉断路器（开关）、应拉隔离开关（刀闸）、应拉熔断器、应合接地刀闸、作业现场装设的工作接地线未在工作票上准确登录；工作接地线未按票面要求准确登录安装位置、编号、挂拆时间等信息。

（6）不具备"三种人"资格的人员担任工作票签发人、工作负责人或许可人。

（7）三级及以上风险作业管理人员（含监理人员）未到岗到位进行管控。

（8）链条葫芦、手扳葫芦、吊钩式滑车等装置的吊钩和起重作业使用的吊钩无防止脱钩的保险装置。

（9）作业人员擅自穿、跨越安全围栏、安全警戒线。

（10）票面（包括作业票、工作票及分票、动火票等）缺少工作负责人、工作班成员签字等关键内容。

（11）未按规定开展现场勘察或未留存勘察记录；工作票（作业票）签发人和工作负责人均未参加现场勘察。

（12）链条葫芦超负荷使用。

（13）使用起重机作业时，吊物上站人，作业人员利用吊钩上升或下降。

（14）起吊或牵引过程中，受力钢丝绳周围、上下方、内角侧和起吊物下面，有人逗留或通过。

（15）使用金具 U 形环代替卸扣；使用普通材料的螺栓取代卸扣销轴。

（16）起重作业无专人指挥。

（17）汽车式起重机作业前未支好全部支腿；支腿未按规程要求加垫木。

（18）重要工序、关键环节作业未按施工方案或规定程序开展作业；作业人员未经批准擅自改变已设置的安全措施。

（19）高压带电作业未穿戴绝缘手套等绝缘防护用具；高压带电断、接引线或带电断、接空载线路时未戴护目镜。

（20）在易燃易爆或禁火区域携带火种、使用明火、吸烟；未采取防火等安全措施在易燃物品上方进行焊接，下方无监护人。

（21）动火作业前，未将盛有或盛过易燃易爆等化学危险物品的容器、设备、管道等生产、储存装置与生产系统隔离，未清洗置换，未检测可燃气体（蒸气）含量，或可燃气体（蒸气）含量不合格即动火作业。

（22）起重机无限位器，或起重机械上的限制器、联锁开关等安全装置失效。

上述（1）~（8）为管理违章，（9）~（21）为行为违章，（22）为装置违章。

六、Ⅲ类严重违章（基建变电）

（1）承发包双方未依法签订安全协议，未明确双方应承担的安全责任。

（2）将高风险作业定级为低风险。

（3）现场作业人员未经安全准入考试并合格；新进、转岗和离岗 3 个月以上电气作业人员，未经专门安全教育培训，并经考试合格上岗。

（4）特种设备作业人员、特种作业人员、危险化学品从业人员未依法取得资格证书。

（5）特种设备未依法取得使用登记证书、未经定期检验或检验不合格。

（6）安全风险管控监督平台上的作业开工状态与实际不符；作业现场未布设与安全风险管控监督平台作业计划绑定的视频监控设备，或视频监控设备未开机、未拍摄现场作业内容。

（7）不具备"三种人"资格的人员担任工作票签发人、工作负责人或许可人。

（8）施工方案由劳务分包单位编制。

（9）劳务分包单位自备施工机械设备或安全工器具。

（10）三级及以上风险作业管理人员（含监理人员）未到岗到位进行管控。

（11）自制施工工器具未经检测试验合格。

（12）链条葫芦、手扳葫芦、吊钩式滑车等装置的吊钩和起重作业使用的吊钩无防止脱钩的保险装置。

（13）对"超过一定规模的危险性较大的分部分项工程"（含大修、技改等项目），未组织编制专项施工方案（含安全技术措施），未按规定论证、审核、审批、交底及现场监督实施。

（14）票面（包括作业票、工作票及分票、动火票等）缺少工作负责人、工作班成员签字等关键内容。

（15）起重作业无专人指挥。

（16）重要工序、关键环节作业未按施工方案或规定程序开展作业；作业人员未经批准擅自改变已设置的安全措施。

（17）未按规定开展现场勘察或未留存勘察记录；工作票（作业票）签发人和工作负责人均未参加现场勘察。

（18）使用起重机作业时，吊物上站人，作业人员利用吊钩上升或下降。

（19）在易燃易爆或禁火区域携带火种、使用明火、吸烟；未采取防火等安全措施在易燃物品上方进行焊接，下方无监护人。

（20）作业人员擅自穿、跨越安全围栏或安全警戒线。

（21）汽车式起重机作业前未支好全部支腿；支腿未按规程要求加垫木。

（22）作业人员擅自穿、跨越安全围栏或安全警戒线。

（23）使用金具U形环代替卸扣；使用普通材料的螺栓取代卸扣销轴。

（24）起吊或牵引过程中，受力钢丝绳周围、上下方、内角侧和起吊物下面，有人逗留或通过。

（25）受力工器具（吊索具、卸扣等）超负荷使用。

（26）吊车未安装限位器。

上述（1）~（13）为管理违章，（14）~（25）为行为违章，（26）为装置违章。

七、一般违章（生产变电）

（1）现场实际情况与勘察记录不一致。

（2）检修方案的编审批时间早于现场勘察时间，检修方案内容与现场实际不一致。

（3）第一种工作票总、分票不是由同一个工作票签发人签发。

（4）带电作业高架绝缘斗臂车、常用起重设备未对照标准进行检查和试验，无相关检查和试验记录。

（5）作业人员进入作业现场未正确佩戴安全帽，未穿全棉长袖工作服、绝缘鞋。

（6）施工现场的专责监护人兼做其他工作。

（7）工作票字迹不清楚，随意涂改。

（8）工作许可人、工作负责人未在工作票上分别对所列安全措施逐一确认，未在"已执行"栏打"√"进行确认。

（9）未按规定设置围栏或悬挂标示牌等。

（10）使用无限制开度措施的人字梯工作。

（11）使用电气工具时，提着电气工具的导线或转动部分；因故离开工作场所或暂时停止工作以及遇到临时停电时，未切断电气工具电源。

（12）在户外变电站和高压室内搬动梯子、管子等长物，未按规定两人放倒搬运。

（13）起重机在带电区域移位未收臂。

（14）有重物悬在空中时，驾驶人员离开起重机驾驶室或做其他工作。

（15）遇有六级及以上的大风时，露天进行起重工作。

（16）与工作无关人员在起重工作区域内行走或停留。

（17）高架绝缘斗臂车工作位置选择不当，支撑不可靠，无防倾覆措施。

（18）起吊作业过程中对易晃动的重物，未使用控制绳。

（19）带电水冲洗时，操作人员未戴绝缘手套、穿绝缘靴；带电清扫作业时，作业人员手握在绝缘杆保护环以上部位。

（20）风力大于四级，气温低于 –3℃，或雨、雪、雾、雷电及沙尘暴天气时进行带电水冲洗。

（21）用绝缘绳索传递大件金属物品（包括工具、材料等）时，杆塔或地面上作业人员未将金属物品接地后再接触。

（22）电缆井井盖、电缆沟盖板及电缆隧道人孔盖开启后，未设置围栏，无人看守。作业人员撤离电缆井或隧道后，未盖好井盖。

（23）高处作业时，工作地点下面未按坠落半径设围栏或其他保护装置；无关人员在工作地点的下面通行或逗留。

（24）作业人员高空抛物。

（25）高处作业未使用工具袋，较大的工具未用绳拴在牢固的构件上。

（26）利用高空作业车、带电作业车、叉车、高处作业平台等进行高处作业，移动车辆时高处作业平台上有人。

（27）采用缠绕的方法接地或短路。

（28）接地线装设处未除油漆或绝缘层。

（29）接地线装设或拆除顺序错误，连接不可靠。

（30）生产和施工场所未按规定配备消防器材或配备不合格的消防器材。

（31）动火作业前，未清除动火现场及周围的易燃物品。

（32）使用单梯工作时，梯与地面的斜角过小（< 65°）或过大（> 75°）；使用中的梯子整体不坚实、无防滑措施，梯阶的距离大于 0.4m，距梯顶 1m 处无限高标志。

（33）使用的手持电动工器具有绝缘损坏、电源线护套破裂、保护线脱落、插头插座裂开或有损于安全的机械损伤等故障。

（34）使用的砂轮有裂纹及其他不良情况、砂轮无防护罩；使用砂轮研磨时，未戴防护眼镜或装设防护玻璃；用砂轮磨工具时用砂轮的侧面研磨。

（35）使用的潜水泵外壳有裂缝、破损，机械防护装置缺损。

（36）非金属外壳的仪器未与地绝缘，金属外壳的仪器和变压器外壳未接地。

（37）电动的工具、机具应接地而未接地或接地不良。

（38）检修动力电源箱的支路开关未加装剩余电流动作保护器（漏电保护器）或加装的剩余电流动作保护器（漏电保护器）功能失效。

（39）电气工具和用具的电线接触热体，放在湿地上，或车辆、重物压在线上。

（40）工作过程中，高架绝缘斗臂车的发动机熄火；接近和离开带电部位时，下部操作人员离开操作台。

（41）施工机械设备转动部分无防护罩或牢固的遮栏。

（42）在变电站内使用起重机械时，未可靠接地。

（43）使用其他导线作接地线或短路线，或成套接地线截面积小于25mm^2，或未有透明护套的多股软铜线，或未用专用线夹。

（44）动火作业时，乙炔瓶或氧气瓶未直立放置，气瓶间距小于5m，动火作业地点距离气瓶不足10m。

上述（1）~（4）为管理违章，（5）~（31）为行为违章，（32）~（44）为装置违章。

八、一般违章（基建变电）

（1）施工现场未编制现场应急处置方案，未定期组织开展应急演练。

（2）低压架空线路采用裸线，导线截面积小于16mm^2，人员通行处架设高度低于2.5m，交通要道及车辆通行处，架设高度低于5m。

（3）电缆线路跨越道路沿地面明设，电缆头无防水、防触电措施。

（4）带电作业高架绝缘斗臂车、常用起重设备未对照标准进行检查和试验，无相关检查和试验记录。

（5）现场施工机械、施工工器具未经检验合格进行作业。

（6）起重机具未对照标准进行检查和试验，无相关检查和试验记录。

（7）构架、避雷针、避雷线安装后，未及时采取接地或临时接地措施。

（8）施工现场的专责监护人兼做其他工作。

（9）施工现场及周围的悬崖、陡坎、深坑、高压带电区等危险场所未设可靠的防护设施及安全标志；坑、沟、孔洞等未铺设符合安全要求的盖板或设可靠的围栏、挡板及安全标志。

（10）地面施工人员在物体可能坠落范围半径内停留或穿行。

（11）起吊物体未绑扎牢固。物体有棱角或特别光滑的部位时，在棱角和滑面与绳索（吊带）接触处未包垫。钢丝绳套与构架、支架接触无软物包垫。

（12）高处作业人员随手上下抛掷工具、材料等物件。

（13）锦纶绳、棕绳、吊装带破损。钢丝绳插接的环绳或绳套，其插接长度小于钢丝绳直径的15倍或小于300mm。

（14）氧气瓶存放处周围10m内有明火，与易燃易爆物品同间存放。氧气瓶靠近热源或在烈日下暴晒。乙炔瓶存放时未保持直立，未设置防止倾倒的措施。使用中的氧气瓶与乙炔瓶的距离小于5m。

（15）动火作业前，未清除动火现场及周围的易燃物品。

（16）生产和施工场所未按规定配备消防器材或配备不合格的消防器材。

（17）安全带、后备绳、缓冲器、攀登自锁器等安全工器具的连接器扣体未锁好。

（18）汽车式起重机支腿使用枕木支撑时，枕木少于两根或尺寸不规范。

（19）油浸变压器、电抗器在放油及滤油过程中，外壳、铁芯、夹件及各侧绕组、储油罐和油处理设备本体以及油系统的金属管道未可靠接地。

（20）在室内充装SF_6气体，未检测SF_6气体含量是否超标，未先检测含氧量是否合格，就单独进入SF_6配电装置室内作业。

（21）对SF_6断路器、组合电器进行气体回收未使用气体回收装置，直接向大气排放。作业人员未戴手套和口罩，未站在上风口。

（22）吊装断路器、隔离开关、电流互感器、电压互感器等大型设备时，未在设备底部捆绑控制绳，防止设备摇摆。

（23）法兰对接过程中，用手插在对接孔中找正。

（24）SF_6气瓶的安全帽、防震圈不齐全。SF_6气瓶未竖立存放，未存放在防晒、防潮和通风良好的场所，与其他气瓶混放。

（25）在储存或加工易燃、易爆物品的场所周围10m内进行焊接或切割作业。

（26）在油漆未干的结构或其他物体上进行焊接。

（27）高压配电设备、线路和低压配电线路停电检修时在一经合闸即可送电到作业地点的断路器和隔离开关的操作把手、二次设备上未悬挂"禁止合闸　有人工作！"或"禁止合闸　线路有人工作！"的安全标志牌。

（28）与带电母线邻近或平行时，新架设的母线未接地。

（29）在运行的变电站及高压配电室搬动梯子、线材等长物时，未放倒两人搬运。手持非绝缘物件时超过本人的头顶，在设备区内撑伞。

（30）使用不符合规定的导线做接地线或短路线，接地线未使用专用的线夹固定在导体上，使用缠绕的方法进行接地或短路。装拆接地线未使用绝缘棒，未戴绝缘手套。挂接地线时未先接接地端，再接设备端；拆除接地线时未先拆设备端，再拆接地端。

（31）进行盘、柜上小母线施工时，作业人员未做好相邻盘、柜上小母线的防护作业，新装盘的小母线在与运行盘上的小母线接通前，无隔离措施。

（32）汽车装运时，乙炔瓶未直立排放，车厢高度低于瓶高的2/3。氧气瓶未横向卧放，头部未朝向一侧，未垫牢，装载高度超过车厢高度，气瓶押运人员未坐在司机驾驶室内。

（33）易燃品、油脂和带油污的物品与氧气瓶同车运输。氧气瓶与乙炔瓶同车运输。气瓶未存放在通风良好场所，靠近热源或在烈日下暴晒。气瓶存放处10m内存在明火，与易燃物、易爆物同间存放。各类气瓶不装减压器直接使用或使用不合格的减压器。

（34）装车的钢构支架、水泥杆，违规采用直接滚动方法卸车。

（35）接地体的材质、规格不符合规范要求，埋设深度小于0.6m。施工用金属房外壳（皮）未有可靠明接地及绝缘设施。接地线连接在金属管道和建筑物金属物体上。

（36）临时用电配电箱未接地，操作部位有带电体裸露。临时用电的电源线直接挂在闸刀上或直接用线头插入插座内使用。电动机械或电动工具未做到"一机一闸一保护"。

（37）开关及熔断器下口接电源，上口接负荷。

（38）施工现场使用不合格的梯子（升降梯、折梯、延伸式梯子等）。梯子垫高使用。使用软梯作业时，软梯上有多人作业。

（39）使用中的卸扣横向受力。

（40）起重机上未配备灭火装置。临近带电作业时，操作室内未铺橡胶绝缘带。

上述（1）~（7）为管理违章，（8）~（34）为行为违章，（35）~（40）为装置违章。

第二节　事故案例分析

【案例一】220kV××变电站进行隔离开关改造，因隔离开关支柱绝缘子断裂造成高处坠亡事故

1. 事故经过

12月9日8时30分，××供电公司工作负责人余×持第一种工作票到220kV××变电站办理许可手续。其工作任务：01断路器小修，012、022隔离开关改造等。11时00分左右，三班班长徐××会同工作负责人余×组织检修、试验人员召开班前会。班前会对工作票所载工作任务、危险点分析及防范措施进行了交底，对人员分工做了细致的安排。11时26分，变电站运行班长彭×许可后开工。按照分工，工作班成员黄×、王××及工作负责人余×分别负责拆除022隔离开关A、B、C相的引线，并通过搭靠在022隔离开关支柱绝缘子顶端的木梯，爬到支柱绝缘子的顶部，将安全带系在隔离开关导电杆摺（折）架尾部。11时30分，在B相工作的余×用扳手松开引线螺丝的过程中，该相绝缘子突然从根部断裂（该绝缘子为××绝缘子厂1993年生产），隔离开关整体向余×站位侧倒下，余×随隔离开关一起从距地面约5m的高处坠落于水泥地面上，隔离开关动触头打压在其胸部。余×口腔、鼻腔均有血液流出，当场死亡。

2. 违章分析

（1）作业安全控制措施不到位，未能全面辨识作业中存在的危险因素，违反生产变电典型违章库第46条安全带的挂钩或绳子挂在移动或不牢固的构件上［如隔离开关（刀闸）支持绝缘子、CVT绝缘子、母线支柱绝缘子、避雷器支柱绝缘子等］，属于Ⅲ类严重违章。

（2）作业中违反规定，将工作梯搭靠在独立绝缘子上，并攀爬绝缘子。

（3）设备质量存在问题。

3. 防范对策

（1）施工前应对支柱绝缘子进行无损探伤，确认绝缘子完好无损后，方可工作。

（2）在进行与绝缘子相关的检修、试验及施工工作时，严禁通过搭靠在绝缘子上的工作梯上人。

（3）凡是进行与绝缘子相关的检修、试验及施工的工作，在作业高度不能满足要求时，必须搭设脚手架和工作平台。

（4）严禁通过攀爬绝缘子或站立于绝缘子上，从事与绝缘子相关的检修、试验及施工的任何工作；绝对不允许坐、立于绝缘子的顶部从事任何工作。

【案例二】工作时监护人员走开，外包工跑错间隔触电死亡

1. 事故经过

××供电公司××变电站进行设备油漆工作时，工作监护人程××（系该变电站人员）在处理完 28023 隔离开关且送电后，程××告知油漆工（临时工）28023、28024 隔离开关已送电，绝对不能再上去涂油漆。13 时 50 分左右，程××因晒在阳台上的被子被风吹落到地上，离开工作现场拾被子，油漆工王××擅自走出围栏，携带竹梯、漆桶，到 28023 C 相隔离开关处，将梯子靠在该相隔离开关构架断路器侧，爬上构架。13 时 55 分，变电站人员听到一声巨响，只见在 28023 隔离开关处有一团火，同时 2 号主变压器纵差保护动作，跳开三侧断路器。当站内人员赶到现场时，见王××躺在地上，全身着火。虽然在场人员奋力灭火抢救，但人已死亡。

2. 违章分析

（1）安全规程制度执行不严，监护人擅自离开作业现场。违反生产变电典型违章库第 5 条工作负责人（作业负责人、专责监护人）不在现场，属于 I 类严重违章。

（2）临时工教育培训不到位，未能使临时工充分认识到作业中的危险因素。

3. 防范对策

（1）严格执行作业中的安全监护制度，作业中严禁监护人脱离工作岗位，特殊情况需离开时应停止作业。

（2）加强对临时工的管理，特别是作业前要对临时工告知清楚违反规定作业可能造成的严重后果。

【案例三】施工负责人阎 × 擅自移开遮栏进入带电间隔造成人身触电

1. 事故经过

12月初，××变电公司变电三队接受工作任务：在10kV××开关站××线开关柜内新安装真空断路器一台。变电三队接受任务后，工程科人员带队、工作负责人等参加，进行了现场勘察并编制"三措"计划书报批。阎×为该项工作的施工负责人。

12月6日，施工负责人阎×带领工作班人员前往××开关站工作，办理了第一种工作票。开关站运维人员按工作票要求做好安全措施，并向施工队伍交代现场后，于当日10时45分许可工作。该工作的计划工作时间为12月6日9时至12月30日16时。

12月16日，施工负责人阎×带领工作人员共5人前往××开关站继续工作。阎×向工作班人员交代工作范围、内容和安全措施后，分组进行工作。11时36分左右，阎×在做断路器至隔离开关的连线时，为了量尺寸，擅自移开遮栏，解开10kV××线695开关柜的防误装置进入间隔（此间隔作为××开关站的备用电源，断路器和隔离开关均在断开位置，6953隔离开关出线侧带电），导致人身触电事故。

2. 违章分析

（1）监护人自身参加工作，工作中失去监护。违反生产变电典型违章库第52条施工现场的专责监护人兼做其他工作，属于一般违章。

（2）违反《安规》中"无论高压设备是否带电，工作人员不得单独越过遮栏进行工作"的规定。违反生产变电典型违章库第28条作业人员擅自穿、跨越安全围栏或安全警戒线，属于Ⅲ类严重违章。

3. 防范对策

（1）严格执行"两票三制"。

（2）加强对作业中的安全监护管理，明确监护责任人监护职责，并认真履行。

【案例四】吊车作业时撑脚不稳固而倾斜，压损220kV母线

1. 事故经过

220kV××变电站Ⅱ段母线部分隔离开关进行更换（Ⅱ段母线所有断路器倒至Ⅰ段母线运行）。1月13日10时19分，当吊装拆除2632隔离开关的

A相时（没有制定专门的安全技术措施），吊车左侧脚架下沉，整体向左侧工作面倾斜，吊车臂下压至Ⅱ段C相管型母线，致使2632隔离开关的C相管型母线支持绝缘子断裂和母线移位。同时，吊车起吊绳在吊车整体倾斜中，触及Ⅱ段A相管型母线，致使2632隔离开关A相管型母线支柱绝缘子断裂，A相管型母线下落到2632隔离开关的断路路侧引线上，从而造成带电运行的Ⅰ段母线短路。

2. 违章分析

（1）吊车工作前，其左侧脚架没有置于坚实的地面上，没有针对地面情况采取正确的安全措施，造成吊车在工作中发生严重倾斜。违反生产变电典型违章库第40条汽车式起重机作业前未支好全部支腿；支腿未按规程要求加垫木，属于Ⅲ类严重违章。

（2）在变电站邻近带电设备进行吊装作业，没有编制专门的安全技术措施。

（3）吊车起吊前没有进行试吊，没有事先发现吊车支撑受力存在的问题。

3. 防范对策

（1）加强工程的安全管理与监督。起重设备在带电导体下方或距带电体较近时，应编制专门的安全技术措施，且应经本单位批准，作业时应有技术负责人在场指导，否则不准施工。

（2）作业时，起重机应置于平坦、坚实的地面上。起吊前，应由工作负责人检查悬吊情况，认为可靠后方可试行起吊。起吊重物稍一离地（或支持物），应再检查悬吊情况，认为可靠后方可继续起吊。

【案例五】超出作业范围造成人员触电死亡

1. 事故经过

5月5日，××公司总经理唐××、副总经理饶××同意对500kV××变电站进行5041开关C相A柱法兰高压油管渗油消缺工作任务，工程部副主任王××在微信工作群内发布作业任务及作业人员名单，变电检修班按流程上报工作计划。

5月6日12时35分，公司变电检修班班长张××带领变电检修班安全员赵××、检修作业人员李××（事故遇难者）、刘××等5人开展相关消缺工作。工作负责人张××在办理5041开关C相A柱法兰高压油管渗油消缺票过程中，检修作业人员李××在未征得工作负责人同意，借用5041617接地刀闸的钥匙，临时处理接地刀闸卡涩问题（因××变电站曾反映××Ⅲ线5041617线路接地刀闸有时合不到位）。到达现场后检修作业人员李××打开机构箱对5041617接地刀闸进行一次拉合试验，在高空作业车斗内完成B、C相接地刀闸盘簧清洗注油工作。

12时55分，由于接地刀闸A相主地刀在拉开后未合到位，动静触头未完全接触，辅刀SF_6灭弧装置动静触头未闭合，线路感应电传至辅助地刀根部弹簧处，当李××在高空作业车斗内对A相接地刀闸盘簧进行清洗注油工作时，导致作业人员李××感应电触电死亡。

2. 违章分析

（1）检修作业人员李××安全意识淡薄，未经工作负责人同意扩大作业范围擅自工作，违反生产变电典型违章库第2条超出作业范围未经审批，属于Ⅰ类严重违章。

（2）运行人员执行规章制度不严格，习惯性违章严重，将钥匙借给检修人员，不履行许可、监护把关制度等。

（3）工作负责人没有认真履行现场"三交三查"，作业人员动态未观察到位，班组安全员未及时制止作业人员李××参与临时处理接地刀闸卡涩问题。

（4）工作现场作业人员安全风险辨识不清楚，安全措施落实不到位。

3. 防范对策

（1）加强作业人员对各项规章制度的学习，特别是典型违章库条例，作业人员应入脑入心。

（2）工作负责人认真履行现场安全监护与指挥职能，与运行人员共同执行相关规章制度，按工作票所列工作内容正确落实各自职责。

第七章

班组安全管理

第一节 班组建设标准

一、班组建设基本要求

施工作业层班组（以下简称"班组"）是在输变电工程施工中，具备独立完成相应作业能力，在施工项目部（以下简称"项目部"）的直接管理下开展作业的基本施工组织单元。输变电工程施工现场，无论采取哪种作业方式（施工单位自行组织作业、劳务分包作业或专业分包作业），均应组建作业层班组。

（一）基本岗位设置

原则上作业层班组均应设置班组负责人、班组安全员、班组技术员；现场作业人员可按专业设置高空作业、起重操作、测量、机械操作（如绞磨操作等）、压接作业等技能岗位，其余均为一般作业岗位。

（二）基本组织架构

班组组建应采取"班组骨干+班组技能人员+一般作业人员"模式，其中班组骨干为班组的负责人、安全员和技术员，班组技能人员包含核心分包人员，一般作业人员包含一般分包人员。班组在实际作业过程中，如需安排班组成员进行其他作业（如运输），班组负责人须指定作业面监护人，并在每日站班会记录中予以明确。班组负责人必须对同一时间实施的所有作业面进行有效掌控，一个班组同一时间只能执行一项三级及以上风险作业。

二、变电班组组建原则

（一）变电班组可由施工单位结合实际采取柔性建制模式或流水作业模式组建

1. 变电柔性作业层班组建设原则

在同一个变电站区域内，至少应有一个班组，下设若干作业面，班组负责人须在每个作业面指定作业面监护人，并在每日站班会记录中予以明确。根据工程进度和专业施工情况，项目部主导对班组进行柔性整合或分建，确保所有作业点的安全质量管控。

2. 变电流水作业层班组建设原则

施工单位结合自身实际，组建稳定的、成建制的专业化作业班组，如桩基作业班组、混凝土作业班组、砌筑作业班组、装修装饰作业班组、钢结构安装作业班组、电气安装一次作业班组、电气安装二次作业班组、调试作业班组等。变电站内实施流水作业，项目部组织相关专业化班组按施工进度依次进退场，完成施工作业。

（二）人员及工种配置要求

根据不同的施工专业、不同电压等级、不同作业条件（含作业环境、地质条件、施工装备等），围绕班组作业人员及工种配置标准，提出以下参考数据，现场可根据工程实际进行适当调整。班组人员均应纳入"e基建"实名制管控。其中，班组教育与培训、班组驻地建设要求详见《国家电网有限公司输变电工程建设施工作业层班组建设标准化手册》（基建安质〔2021〕26号）。

1. 变电站电气安装一次作业班组人员及工种配置参考标准（见表7-1）

表7-1 电气安装一次作业班组人员及工种配置

岗位分类	人数	备注	岗位分类	人数	备注
负责人	1		高空作业人员（如有）	≥2	
安全员	≥1		压接工	≥2	
技术员	1		机械操作工	≥1	
测量员	≥1		电工	≥1	
焊工	≥1		普工	若干	

2. 人员任职资格条件（见表 7-2）

表 7-2　人员任职资格条件

岗位	任职条件
班组负责人	（1）具有 5 年及以上现场作业实践经验和一定的组织协调能力，能够全面组织指挥现场施工作业 （2）能够对施工单位负责，有效管控班组其他成员作业行为 （3）能够准确识别现场安全风险，及时排除现场事故隐患，纠正作业人员不安全行为 （4）掌握"三算四验五禁止"安全强制措施，严格落实"在有限空间内作业，禁止不配备使用有害气体检测装置"等安全强制措施要求 （5）熟悉现场作业环境和流程，能够有效掌握班组作业人员的作业能力及身体、精神状况
班组安全员	（1）具有 3 年以上现场作业实践经验，熟悉现场安全管理要求 （2）能够准确识别现场安全作业风险、抓实现场安全风险管控，能够在作业过程中监督作业人员作业行为，及时纠正被监护人员不安全行为 （3）监护期间不得从事其他作业 （4）熟悉"三算四验五禁止"安全强制措施，具备对拉线、地锚、地脚螺栓等验收的能力
班组技术员	（1）具有 1 个以上工程现场作业实践经验，熟悉现场作业技术要求、标准工艺、质量标准 （2）具备掌握施工图纸、组织作业人员按要求施工能力 （3）具备现场施工技术管理、开展施工班组级质量自检的能力 （4）熟悉"三算四验五禁止"安全强制措施，能够参与施工方案编制，会对拉线受力、地锚受力、近电作业等距离进行计算
副班长	（1）具备组织指挥现场施工作业能力 （2）通过施工单位技能鉴定、安全培训考试并持证上岗
作业面监护人	（1）熟悉现场安全管理要求，能够识别现场安全作业风险、抓实现场安全风险管控，能够在作业过程中监督作业人员作业行为，及时纠正不安全行为 （2）通过施工单位安全培训考试后，持证上岗 （3）监护期间不得从事其他作业
班组技能人员	（1）服从指挥，熟悉现场安全质量管理要求 （2）特种作业人员、特种设备操作人员应持相关领域有效证件持证上岗 （3）测量员、机械操作工（如绞磨操作、牵张机操作等）、压接工、高压试验工、二次接线工、二次调试人员等技能工种应通过施工单位培训考核并持证上岗
一般作业人员	（1）服从指挥，熟悉施工作业一般安全质量管理要求 （2）个人身体健康、体检合格，安全考试合格

(三）班组岗位职责

1. 班组负责人

（1）负责班组日常管理工作，对施工班组（队）人员在施工过程中的安全与职业健康负直接管理责任。

（2）负责工程具体作业的管理工作，履行施工合同及安全协议中承诺的安全责任。

（3）负责执行上级有关输变电工程建设安全质量的规程、规定、制度及安全施工措施，纠正并查处违章违纪行为。

（4）负责新进人员和变换工种人员上岗前的班组级安全教育，确保所有人经过安全准入。

（5）组织班组人员开展风险复核，落实风险预控措施，负责分项工程开工前的安全文明施工条件检查确认。

（6）掌握"三算四验五禁止"安全强制措施内容，对作业中涉及的"五禁止"内容负责。

（7）负责"e基建"中"日一本账"计划填报；负责使用"e基建"填写施工作业票，全面执行经审批的作业票。

（8）负责组织召开"每日站班会"，作业前进行施工任务分工及安全技术交底，不得安排未参加交底或未在作业票上签字的人员上岗作业。

（9）配合工程安全、质量事件调查，参加事件原因分析，落实处理意见，及时改进相关工作。

2. 班组安全员

（1）负责人组织学习贯彻输变电工程建设安全工作规程、规定和上级有关安全工作的指示与要求。

（2）协助班组负责人进行班组安全建设，开展安全活动。

（3）掌握"三算四验五禁止"安全强制措施内容，对作业中涉及的"四验"内容负责。

（4）负责施工作业票班组级审核，监督经审批的作业票安全技术措施落实。

（5）负责审查施工人员进出场健康状态，检查作业现场安全措施落实，监督施工作业层班组开展作业前的安全技术措施交底。

（6）负责施工机具、材料进场安全检查，负责日常安全检查，开展隐患排查和反违章活动，督促问题整改。

（7）负责检查作业场所的安全文明施工状况，督促班组人员正确使用安全防护用品和用具。

（8）参加安全事故调查、分析，提出事故处理初步意见，提出防范事故对策，监督整改措施的落实。

3. 班组技术员

（1）负责组织班组人员进行安全、技术、质量及标准化工艺学习，执行上级有关安全技术的规程、规定、制度及施工措施。

（2）掌握"三算四验五禁止"安全强制措施内容，对作业中涉及的"三算"内容负责。

（3）负责本班组技术和质量管理工作，组织本班组落实技术文件及施工方案要求。

（4）参与现场风险复测、单基策划及方案编制。

（5）组织落实本班组人员刚性执行施工方案、安全管控措施。

（6）负责班组自检，整理各种施工记录，审查资料的正确性。

（7）负责班组前道工序质量检查、施工过程质量控制，对检查出的质量缺陷上报负责人安排作业人员处理，对质量问题处理结果检查闭环，配合项目部组织的验收工作。

（8）参加质量事故调查、分析，提出事故处理初步意见，提出防范事故对策，监督整改措施的落实。

4. 班组其他人员职责

（1）自觉遵守本岗位工作相关的安全规程、规定，取得相应的资质证书，不违章作业。

（2）正确使用安全防护用品、工器具，并在使用前进行外观完好性检查。

（3）参加作业前的安全技术交底，并在施工作业票上签字。

（4）有权拒绝违章指挥和强令冒险作业；在发现直接危及人身、电网和设备安全的紧急情况时，有权停止作业。

（5）施工中发现安全隐患应妥善处理或向上级报告；及时制止他人不安全作业行为。

（6）在发生危及人身安全的紧急情况时，立即停止作业或者在采取必要的应急措施后撤离危险区域，第一时间报告班组负责人。

（7）接受事件调查时应如实反映情况。

第二节　班组日常安全管理

一、班组人员进（出）场管理

（1）进入作业现场的班组应响应招标要求，现场实际入场人员如与中标承诺或施工合同内人员不一致，应将变更人员清单及资质书面报监理和业主项目部审查。监理、业主项目部应加强班组骨干的入场审核，重点审核是否已与信息平台发布信息及分包合同承诺一致、是否同时在其他工程兼职，对于不满足要求的不允许进场。

（2）工程开工前、班组全员到位后，班组负责人组织开展班组成员面部信息采集工作。依托"e基建"对所有班组成员与作业人员信息库进行匹配，实现手机扫脸签名（现场扫脸即可转化为电子签名）。新进班组人员必须按流程及时采集入库。未按要求完成班组成员信息关联固化的，无法参加施工作业票、站班会、日常作业及考勤。

（3）班组核心人员及一般作业人员如需调整，应征得项目部同意；班组骨干人员如需调整，由项目部履行变更报审手续，经监理项目部审核批后，及时在系统中办理人员进出场相关手续，驻队监理应全程掌握班组人员进（出）信息。

（4）班组人员全面实施实名制管控，必须在公司统一的实名制作业人员信息库中。所有作业人员必须按要求签订劳动合同，购买保险，且体检合格，严禁使用非库内人员。外包队伍管理按《国家电网公司业务外包安全监督管理办法》执行，按照"谁发布、谁使用、谁负责"的原则，由各省公司自行规定外包队伍的准入条件。

（5）班组施工结束，需经项目部同意，在"e基建"中履行退场手续，否则无法在其他工程录入关联信息。

二、入场培训及交底

班组所有作业人员均需参加省公司统一的安全准入考试，合格后方可上岗。凡增补或更换作业人员，根据其岗位，上岗前必须通过相应安全教育考试，入场考试不合格的作业层班组人员严禁进入施工现场进行作业。

1. 进场培训

（1）由各省公司级单位组织对班组人员实施考试合格准入，准入考试不替代岗前培训考试。

（2）岗前培训考试作为进入施工作业现场入场考试的前提条件，是在各施工单位履行法定培训要求的基础上开展的培训考试。

（3）工程开工、转序、新班组入场前，由监理对培训情况进行核实，岗前培训考试合格的班组人员方可进场开展作业。

2. 过程培训

（1）项目部根据需要，适时组织开展安全教育培训和岗位练兵活动，增强作业人员的安全意识、安全操作技能和自我保护能力，业主项目部、监理项目部进行监督。

（2）班组负责人组织班组全员进行安全学习，执行上级有关输变电工程建设安全质量的规程、规定、制度及安全施工措施，并负责新进人员和变换工种人员上岗前的班组级安全教育，并记录在班组日志中。

（3）特种作业人员必须按照国家有关规定接受专门的安全作业培训，取得相应资格，经过项目部岗前培训交底后方可上岗作业；离开特种作业岗位 6 个月的作业人员，应重新进行实际操作考试，确认合格后方可上岗作业。

（4）班组全体成员须参与项目部级安全事故学习活动，并填写在安全活动记录中。所有作业人员应学会自救互救方法、疏散和现场紧急情况的处理，所有员工应掌握消防器材的使用方法。

3. 施工方案及交底

（1）施工方案必须严格履行相应的编审批手续，班组技术员参与施工方案编写。

（2）项目部负责对班组骨干进行安全技术及施工方案交底，交代施工工艺、质量、安全及进度要求。

（3）班组骨干负责对班组成员施工过程的工艺、安全、质量等要求进行交底，班组级交底可通过宣读作业票实施。

三、作业计划管控

（1）班组负责人根据项目部交底、施工方案及作业指导书，结合施工安全风险复测，提前在"e基建"编制施工作业票，明确人员分工、注意事项及补充控制措施，提交流转至审核人处（A票由班组安全员、技术员审核，B票由项目部安全员、技术员审核）；审核人确认无误后，提交流转至作业票签发人（A票项目总工，B票施工项目经理）；B票签发后还需报监理审核，如属二级风险作业还需推送至业主项目部审核。

（2）施工作业票完成线上审批流程后，班组负责人需确认作业条件。确定人员、机械设备、材料均已到位，现场无恶劣天气、民事问题等干扰因素后，一般应于作业前一天在"e基建"中发起作业许可申请，报送"日一本账"计划。确认无误后，同步推送至各级管理人员"e基建"。

（3）班组负责人要全程掌握作业计划发布、执行准备和实施情况，无计划不作业，无票不作业。

（4）作业过程中如因极端天气、民事阻挠等情况停工，班组负责人可在"e基建"中进行"作业延期"，同步推送各级管理人员"e基建"。

四、作业风险管控

（1）每日作业前，班组负责人根据当日作业情况填写"每日站班会及风险控制措施检查记录"，组织班组人员召开站班会，按要求开展"三交三查"，交代当日主要工作内容，明确当日作业分工，提醒作业注意事项，落实安全防护措施，班组负责人要做到脱稿交底。交底过程全程录音存档，所有人员在"e基建"签名，自动形成当日考勤记录。

（2）三级及以上风险应实施远程视频监控，班组负责人负责按照相关规定，在合适位置设置移动远程视频监控装置。

（3）作业过程中，班组安全员（作业面监护人）需对涉及拆除作业、超长抱杆、深基坑、索道、水上作业、反向拉线、不停电跨越、近电作业等已经发生过的事故类似作业和特殊气象环境、特殊地理条件下的作业，严格落实安全强制措施管理要求，坚决避免触碰"五条红线"。

（4）作业过程中，班组安全员（作业面监护人）需对施工现场安全风险控制措施进行复核、检查，在作业过程中纠正班组人员的违章作业行为。

（5）三级及以上风险作业现场，班组负责人需全程到岗监督指挥，班组安全员到岗监护，驻队监理到岗旁站，各级管理人员严格落实《输变电工程建设安全管理规定》中到岗到位要求。

（6）当日收工前，班组骨干组织进行自查，重点检查拉线、地锚是否牢靠，用电设备、施工工器具是否收回整理，是否做好防雨淋等保护措施；配电箱等是否已断电，杆上有无遗留可能坠落的物件，留守看夜人员是否到位，值班棚是否牢固，是否存在煤气中毒等隐患，施工作业区域是否做到"工完、料尽、场地清"，并对撤离人员进行清点核对（"e基建"中）。

（7）每日作业结束后，班组负责人应确认全部人员安全返回，向项目部报告安全管理情况。总结分析填写当日施工内容及进度、现场安全控制措施落实情况及次日施工安排等。

五、安全文明施工管理

（1）施工单位和专业分包队伍应严格落实《输变电工程建设安全文明施工规程》要求，为班组提供相应的安全文明施工设施，规范作业人员行为，倡导绿色环保施工，保障作业人员的安全健康。

（2）班组应设置好现场安全文明施工标准化的设施，并严格按照文明施工要求组织施工。

（3）发生环境污染事件后，班组负责人应立即向项目部报告，采取措施，可靠处理；发现施工中存在环境污染事故隐患时，应暂停施工并汇报项目部。

六、施工机械及工器具管理

（1）项目部严格按照施工方案要求，向施工单位（专业分包由专业分包单位负责）申请并选配施工机械及工器具（以下简称"施工机具"）。

（2）班组安全员负责对施工机具进行进场前检查，检查中发现有缺陷的机具应禁止使用，及时标注并向项目部申请退换。

（3）班组应建立施工机具领用及退库台账，同时建立日常管理台账，每日作业前应进行施工机具安全检查。

（4）机械设备（包括绞磨机、压接机等）严禁未经培训取证的人员随意操作，不可随意拆卸、更换，严格按照操作规程操作。

（5）班组负责人指定专人集中保管施工机具，负责日常维护保养，对正常磨损及自行不能保养、维修的，班组可向项目部提出申请进行更换及保养。

七、班组应急管理

1. 班组应急管理要求

（1）施工单位、专业分包单位应将班组纳入项目部应急工作组，参加应急演练，参与应急救援。施工现场应配备急救器材、常用药品箱等应急救援物资，施工车辆宜配备医药箱，并定期检查其有效期限，及时更换补充。

（2）班组人员应参加项目部组织的应急管理培训，全员学习"紧急救护法"，会正确解脱电源，会心肺复苏法，会止血、包扎，会转移搬运伤员，会处理急救外伤或中毒等。

2. 班组应急组织流程

（1）突发事件发生后，班组人员应立即向班组负责人报告，班组负责人立即下令停止作业，及时向项目负责人汇报突发事件发生的原因、地点和人员伤亡等情况。

（2）班组负责人在项目部应急工作组的指挥下，在保证自身安全的前提下，组织应急救援人员迅速开展营救并疏散、撤离相关人员，控制现场危险源，封锁、标明危险区域，采取必要措施消除可能导致次（衍）生事故的隐患，直至应急响应结束。

（3）应急救援人员实施救援时，应当做好自身防护，佩戴必要的呼吸器具、救援器材。

（4）应急处置过程中，如发现有人身伤亡情况，要结合人员伤情程度，对照现场应急工作联络图，及时联系距事发点最近的医疗机构（至少两家），分别送往救治。

（5）配合项目部做好相关人员的安抚、善后工作。

八、班组其他要求

1. 机动车运输

线路班组应配备接送人员上下班的专用载人车辆（宜租用中巴车），车辆购置或租用手续应完备，车况应良好，年检应合格有效，车上必须配备灭火器；司机须持有符合规定的驾照，且体检合格。车辆使用过程中严禁人货混装，严禁超员超载。变电站班组根据实际情况，如需配备专用载人车辆，必须严格执行上述要求。

2. 水上运输

班组如需使用船舶，应遵循水运管理部门或海事管理机构有关规定。班组使用的船舶应安全可靠，船舶上应配备救生设备，并签订安全协议。使用船舶接送班组人员禁止超载超员，船上应配备合格齐备的救生设备。班组人员应正确穿戴救生衣，掌握必要的安全常识，会熟练使用救生设备。

3. 防疫要求

（1）项目部应对进场作业人员活动轨迹进行排查，作业人员进场前应汇总上报进场人员信息，若发现与确诊、疑似病例或与新冠疫情高发区归来人员有密切接触的，应立即隔离，不予入场，并立即报告属地社区、街道（乡镇）相关部门。

（2）要严格落实参建人员实名制管控要求，组织对进场人员进行实名登记，最大限度地减少现场人员流动；对所有进入现场人员一律测量体温，发烧、咳嗽等症状者禁止进入工地；确保做到"早发现、早报告、早隔离、早处置"。

（3）班组需配备齐全的新冠疫情防控物资，包括口罩、体温检测仪、消毒物资等，避免无防护措施施工作业情况发生。

（4）班组成员应尽快完成新冠疫苗接种工作。

附录 A
现场标准化作业指导书（现场执行卡）范例

管型母线安装作业指导书

一、范围

本作业指导书适用于管型母线安装工作

二、安装前准备

1. 工器具（见表1）

表1　工器具

序号	名称	规格	单位	数量	备注
1	吊机	16t	辆	1	
2	登高车	10	辆	1	
3	作业平台	专用	付	4	

2. 危险点分析与防范措施（见表2）

表2　危险点分析与防范措施

序号	危险点	防范措施
1	吊臂回转时相邻设备带电距离过近，引起触电	保持足够的安全距离：220kV，6.0m；110kV，4.0m；35kV，3.5m
2	登高车操作及指挥不规范或监护人员不到位，引起误操作碰损设备	由持证人员指挥，操作、移动过程中设专人监护

附录 A 现场标准化作业指导书（现场执行卡）范例

续表

序号	危险点	防范措施
3	高处作业时，高处坠落	作业必须系好安全带，正确戴好安全帽
4	长物（梯子）搬运时或举起、放倒未按规定进行，可能失控触及带电设备	长物（梯子）搬运应放倒，两人平放搬运；举起、放倒长物（梯子）应多人配合进行，防止其倒向带电部位
5	保险带悬挂位置不正确，造成人员高处坠落	悬挂位置正确
6	感应电压，易伤作业人员	做好防感应电措施，必要时加挂临时接地

三、流程图（见图 1）

开工前的准备安装 → 支持绝缘子检查、安装 → 管型母线检查、加式制作及安装 → 管型母线固定金具检查、安装 → 管型母线引流塔接检查、安装

管型母线两端防晕装置检查安装 → 工作终结前的自验收

图 1 流程图

四、安装项目及工艺标准（见表 3）

表 3 安装项目及工艺标准

序号	安装内容	工艺标准	安全措施及注意事项
1	开工前准备		
1.1	登高车、登高梯子就位	登高车的固定垫脚地基要实，登高车需接地，需由上岗作业培训合格人员操作；登高车搁置应稳定，与地面的夹角以 65° 至 75° 之间为宜，梯脚应有可靠防滑措施；上部与构架绑扎可靠，应有防陷、防侧倾的措施	
1.2	安装作业平台	作业平台稳固可靠	
2	安装支持绝缘子检查、安装	绝缘子表面无污秽物及粉尘，表面瓷釉无损伤，绝缘子与法兰胶合处完好，无起层脱落现象	

续表

序号	安装内容	工艺标准	安全措施及注意事项
3	管型母线检查、加工制作及安装	管型母线表面应光洁平整，不应有裂纹、褶皱、夹杂物及变形和扭曲现象；加工制作应符合下列要求：①切断的管口应平整且与轴线垂直；②管子的坡口应用专用机械加工，坡口应光滑、均匀，无毛刺；③母线对接焊口距母线固定金具边缘距离不应小于50mm。安装过程中应采用多点吊装，不得伤及母线；同相管段轴线应处于一个垂直面上，三相母线管段轴线应互相平行；管型母线疏水孔无堵塞	
4	管型母线固定金具检查、安装	管型母线金具应无棱角、毛刺和裂纹，活动金具与管型母线间有一定间隙，固定螺栓紧固无松	作业中防止工器具脱落而打坏下面设备
5	管型母线引流搭接检查、安装	母线引流搭接金具应无棱角、毛刺和裂纹，接触面加工后保持清洁，并涂以电力复合脂；螺母应置于维护侧，螺栓长度宜露出螺母2~3扣；接触面应连接紧密、固定可靠，固定螺栓紧固无松动	
6	管型母线两端防晕装置检查、安装	母线终端防晕装置表面应光滑，无毛刺或凹凸不平；安装应固定可靠，相色清晰	
7	工作终结前的自验收		
7.1	组织安装人员对设备进行自验收	无漏检项目且资料齐全	
7.2	检查现场安全措施有无变动，补充安全措施是否拆除	要求现场安全措施与工作票中所载内容相符	
7.3	检查设备是否已恢复至工作许可时状态	要求恢复至工作许可时状态	
7.4	拆除作业平台，清理现场	母线上无遗留物，工器具撤离现场，做到工完、场清	

五、安装记录卡（见表4）

表4 安装记录卡

变 电 站：_____　　　设备命名：_____　　　安装日期：_____
设备型号：_____　　　天气情况：_____　　　出厂编号：_____

序号	安装内容	工艺标准	安装结论
1	登高车、登高梯子就位	登高车的固定垫脚地基要实，登高车需接地，需由上岗作业培训合格人员操作；搁置应稳定，与地面的夹角以65°至75°之间为宜，梯脚应有可靠防滑措施；上部与构架绑扎可靠，应有防陷、防侧倾的措施	
2	安装作业平台安装	作业平台稳固可靠	
3	支持绝缘子检查、安装	绝缘子表面无污秽物及粉尘，表面瓷釉无损伤，绝缘子与法兰胶合处完好，无起层脱落现象	
4	管型母线检查、加工制作及安装	管型母线表面应光洁平整，不应有裂纹、褶皱、夹杂物及变形和扭曲现象，加工制作应符合下列要求：①切断的管口应平整且与轴线垂直；②管子的坡口应用专用机械加工，坡口应光滑、均匀、无毛刺；③母线对接焊口距母线固定金具边缘距离不应小于50mm。安装过程中应采用多点吊装，不得伤及母线；同相管段轴线应处于一个垂直面上，三相母线管段轴线应互相平行；管型母线疏水孔无堵塞	
5	管型母线固定金具检查、安装	管型母线金具应无棱角、毛刺和裂纹，活动金具与管型母线有一定间隙，固定螺栓紧固无松动	
6	管型母线引流搭接检查、安装	母线引流搭接金具应无棱角、毛刺和裂纹，接触面加工后保持清洁，并涂以电力复合脂；螺母应置于维护侧，螺栓长度宜露出螺母2~3扣；接触面应连接紧密、固定可靠，固定螺栓紧固无松动	
7	管型母线两端防晕装置检查、安装	母线终端防晕装置表面应光滑，无毛刺或凹凸不平；安装应固定可靠，相色清晰	

◆ 变电一次安装

续表

序号	安装内容	工艺标准	安装结论
8	组织安装人员对设备进行自验收	无漏检项目且资料齐全	
9	检查现场安全措施有无变动,补充安全措施是否拆除	要求现场安全措施与工作票中所载内容相符	
10	检查设备是否已恢复至工作许可时状态	要求恢复至工作许可时状态	
11	拆除作业平台,清理现场	母线上无遗留物,工器具撤离现场,做到工完、场清	

反措、缺陷处理及遗留问题说明:

安装结论填写说明:满足技术要求打"√",不满足技术要求打"×"并在备注栏中予以说明,没有该项目的打"/"

工作负责人:	工作班成员:

附录 B
施工作业现场处置方案范例

【方案一】触电事故现场应急处置方案

一、工作场所

××供电公司×××kV变电站施工作业现场。

二、事件特征

施工人员在1000V以下电压等级的设备上工作，发生触电，造成人员伤亡。情况如下所述。

（1）心跳、呼吸停止。

（2）神志清醒、有意识，心脏跳动，但呼吸急促、面色苍白，或一度昏迷但未失去知觉。

（3）神志不清，判断意识无，有心跳，但呼吸停止或极微弱。

（4）神志丧失，判定意识无，心跳停止，但有极微弱的呼吸。

三、岗位应急职责

1. 施工负责人

（1）指挥现场应急处置工作。

（2）组织施工人员迅速将伤者脱离电源，避免事故扩大。根据伤者的伤情，采取必要的救助措施。

（3）及时将触电事件现场情况报告项目部领导。

（4）及时拨打120急救电话。

2. 施工人员

（1）在施工负责人的指挥下，迅速将伤者脱离电源。

（2）根据伤者情况，做好触电伤员的先期急救工作。

（3）做好触电突发事件现场秩序的维护工作。

四、现场应急处置

1. 现场应具备条件

（1）通信工具、照明工具、安全工器具等。

（2）安全帽、急救箱及药品等防护用品。

2. 现场应急处置程序

（1）自救。

（2）使触电者脱离电源。

（3）现场急救。

（4）向医疗急救部门求助，向项目部负责人汇报。

（5）送医院抢救。

3. 现场应急处置措施

（1）自救。

①一旦触电，附近又无人救援，此时务必镇静自救。在触电后的最初几秒内，人的意识并未完全丧失，触电者可用另一只手抓住电线绝缘处，把电线拉出，摆脱触电状态。

②如果触电时电线或电器固定在墙上，可用脚猛蹬墙壁，同时身体往后倒，借助身体重量甩开电源。

（2）使触电者脱离电源。

①如果触电地点附近有电源开关或电源插座（头），可立即拉开开关或拔出插座（头），断开电源。但应注意到拉线开关或墙壁开关等只控制一根线的开关，有可能因安装问题只能切断中性线而没有断开电源的相线。

②如果触电地点附近没有电源开关或电源插座（头），可用有绝缘柄的电工钳或有干燥木柄的斧头切断电线，断开电源。

③当电线搭落在触电者身上或压在身下时，可用干燥的衣服、手套、绳索、皮带、木板、木棒等绝缘物作为工具，拉开触电者或挑开电线，使触电

者脱离电源。

④如果触电者的衣服是干燥的，又没有紧裹在身上，可以用一只手抓住触电者的衣服，拉离电源。但因触电者的身体是带电的，其鞋的绝缘也可能遭到破坏，救护人不得接触触电者的皮肤，也不能抓其鞋子。

⑤若触电发生在低压带电的架空线路上或配电台架、进户线上，可立即切断电源的，应迅速断开电源，救护者迅速登杆或登至可靠地方，并做好自身防触电、防坠落安全措施，用带有绝缘胶柄的钢丝钳、绝缘物体或干燥不导电物体等工具将触电者脱离电源。

（3）现场急救。

当触电者脱离电源后，应根据触电者的具体情况，迅速采取对症救护。

①如果触电者伤势不重，神志清醒，但有些心慌，四肢麻木，全身无力或者触电者曾一度昏迷，但已清醒过来，应使触电者安静休息，不要走动，严密观察并请医生前来诊治或送往医院。

②如果触电者失去知觉，但心脏跳动和呼吸还存在，应使触电者舒适、安静地平卧，人不要围在其周围，使空气流通；解开其衣服以利呼吸并用软衣服垫在身下，使其头部比肩稍低。同时，速请医生救治或送往医院。

③如果触电者呼吸困难、微弱，或发生痉挛，应准备在心跳或呼吸停止后立即做进一步的抢救。

④如果触电者伤势严重，呼吸及心跳停止，呈现昏迷不醒状态，应立即施行人工呼吸和胸外按压，并速请医生诊治或送往医院。在送往医院途中，不能终止急救。

（4）及时拨打120急救电话，说清楚事件发生的具体地址和伤员情况，安排人员接应救护车。

（5）及时向项目部负责人汇报人员受伤抢救情况。

（6）安排人员陪同前往医院，协助医院抢救。

五、注意事项

（1）使触电人脱离电源的过程中，救护人不可直接用手或其他金属及潮湿的构件作为救护工具，必须使用适当的绝缘工具。救护人要用一只手操作，以防自己触电。

（2）应做好防止触电者脱离电源后可能摔下的二次伤害。特别是当触电者在高处的情况下，应考虑防摔措施。即使触电者在平地，也要注意触电者倒下的方向，注意防摔。

（3）如事故发生在夜间，应迅速解决临时照明，以利于抢救，并避免扩大事故。

（4）口对口人工呼吸法是在触电者停止呼吸后应采用的急救方法，胸外心脏按压法是触电者心脏停止跳动后的急救方法。一旦触电者呼吸和心脏跳动都停止了，应当同时进行口对口人工呼吸和胸外心脏按压。如果现场只有一人抢救，两种方法交替进行。可以按压四次后，吹气一次，而且吹气和挤压的速度都应提高一些，以不降低抢救效果。

（5）只有经过医生诊断确定死亡，才能停止抢救。

六、联系电话

序号	部门	联系人	电话
1	医疗急救		120
2	本单位安监部门		
3	本单位领导		

【方案二】高处坠落事故现场应急处置方案

一、工作场所

××供电公司×××kV变电站施工作业现场。

二、事件特征

高处作业坠落事故造成坠落人员身体摔伤，严重的可导致人员伤亡。

三、岗位应急职责

1. 施工负责人
（1）指挥现场应急处置工作。
（2）组织作业人员抢救伤员。

（3）向医疗机构求助。

（4）向本单位部门主管领导汇报。

2. 施工人员

（1）协助工作负责人开展现场处置。

（2）抢救伤员，保护现场。

（3）做好抢救现场秩序的维护工作。

四、现场应急处置

1. 现场应具备条件

（1）通信工具、照明工具、安全工器具、防坠差速器等。

（2）安全帽、急救箱及药品等防护用品。

2. 现场应急处置程序

（1）现场抢救伤员。

（2）拨打120、110电话请求援助。

（3）汇报项目部负责人。

（4）送医院抢救。

3. 现场应急处置措施

（1）发生高处坠落事故后，现场人员应当立即采取措施，切断或隔离危险源，防止救援过程中发生次生灾害。

（2）应马上组织人员抢救伤者，搬开压在伤者身上的物体，并立即向项目部负责人报告。

（3）现场人员应做好受伤人员的现场救护工作。如受伤人员出现骨折、休克或昏迷状况，应采取临时包扎止血措施，进行人工呼吸或胸外心脏按压，努力抢救伤员。

（4）伤员转送之前必须进行急救处理，避免伤情扩大。途中做进一步检查，进行病史采集，以发现一些隐蔽部位的伤情，做进一步处理，减轻患者伤情。转送途中密切观察患者的瞳孔、意识、体温、脉搏、呼吸、血压等情况，有异常应及早采取相应的处理措施。

（5）有人受伤严重时，应派人拨打电话120，同当地急救中心取得联系，详细说明事故地点、严重程度、联系电话，并派人到路口接应。

（6）及时向项目部负责人汇报人员受伤抢救情况。

（7）安排人员陪同前往医院，协助医院抢救。

五、注意事项

（1）对坠落在高处或悬挂在高处的人员，施救过程中要防止被救和施救人员出现高坠。

（2）在伤员救治和转移过程中，防止其伤情加重。

（3）医务人员未接替救治前，不应放弃现场抢救。

六、联系电话

序号	部门	联系人	电话
1	医疗急救		120
2	本单位安监部门		
3	本单位领导		

【方案三】机械设备事故现场应急处置方案

一、工作场所

××供电公司×××kV变电站施工作业现场。

二、事件特征

由于机械故障、人员误操作及其他意外情况而导致人员受到绞、辗、碰、割、戳、切等伤害，造成人员手指绞伤、皮肤裂伤、断肢、骨折，严重的会使身体卷入机械，轧伤致死，或者部件、工件飞出，打击致伤，甚至造成死亡。

三、岗位应急职责

1. 施工负责人

（1）指挥现场应急处置工作。

（2）组织作业人员抢救伤员。

（3）向医疗机构求助。

（4）向项目部负责人汇报。

2. 施工人员

（1）协助工作负责人开展现场处置。

（2）抢救伤员，保护现场。

（3）做好抢救现场秩序的维护工作。

四、现场应急处置

1. 现场应具备条件

（1）通信工具、交通工具、照明工具等。

（2）安全工器具、专用工器具等。

（3）安全帽、急救箱及药品等防护用品。

2. 现场应急处置程序

（1）现场抢救伤员。

（2）拨打"120"请求援助。

（3）汇报项目部负责人。

（4）送医院抢救。

3. 现场应急处置措施

（1）发现有人受伤后，应立即停止作业，关闭运转机械，并卸除载荷，避免再次受伤的可能，同时向上一级负责人报告。

（2）检查是否可脱离致伤机械，不能脱离的应及时拨打"120"或"119"求助，并做好送医前的准备；能脱离的则应及时脱离。

（3）立即对伤者采取包扎、止血、止痛、消毒、固定等临时措施，防止伤情恶化。

（4）如有断肢等情况，及时用干净毛巾、手绢、布片包好断肢，放在无裂纹的塑料袋或胶皮袋内，袋口扎紧，在口袋周围放置冰块、雪糕等降温物品，不得在断肢处涂酒精、碘酒及其他消毒液。同时，应派人拨打"120"，同当地急救中心取得联系，详细说明事故地点、严重程度、联系电话，并派人到路口接应。断肢随伤员一起运送。

（5）如受伤人员出现骨折、休克或昏迷状况，应采取临时包扎止血措施，进行人工呼吸或胸外心脏按压，努力抢救伤员。

（6）依据人员受伤程度，确认是否送医院救治。

（7）及时向项目部负责人汇报人员受伤抢救情况。

五、注意事项

（1）在伤员救治和转移过程中，防止其伤情加重。

（2）医务人员未接替救治前，不应放弃现场抢救。

六、联系电话

序号	部门	联系人	电话
1	医疗急救		120
2	本单位安监部门		
3	本单位领导		

【方案四】物体打击伤害现场应急处置方案

一、工作场所

××供电公司×××kV变电站施工作业现场。

二、事件特征

物体打击使作业人员受伤，严重的可能造成生命危险。

三、岗位应急职责

1. 施工负责人

（1）指挥现场应急处置工作。

（2）组织作业人员抢救伤员。

（3）向医疗机构求助。

（4）向项目部负责人汇报。

2. 施工人员

（1）协助工作负责人开展现场处置。

（2）抢救伤员，保护现场。

四、现场应急处置

1. 现场应具备条件

（1）通信工具、交通工具、照明工具等。

（2）安全工器具、专用工器具、防坠差速器等。

（3）安全帽、急救箱及药品等防护用品。

2. 现场应急处置程序

（1）现场抢救伤员。

（2）拨打120电话请求援助。

（3）汇报项目部负责人。

（4）送医院抢救。

3. 现场应急处置措施

发生人身伤亡事故后，现场负责人应迅速展开现场急救，同时向上一级领导报告。

（1）对高处坠落、物体打击受害人的施救措施。

①人员受轻伤时，现场人员应采取防止受伤人员大量失血、休克、昏迷等紧急救护措施，并将受伤人员脱离危险地段。

②受伤人员处于昏迷状态但呼吸心跳未停止时，应立即对其进行口对口人工呼吸法，一般以口对口吹气为最佳。

③呼吸、心跳情况的判定，伤者如意识丧失，应在10s内，用"看"（看胸部、上腹部有无起伏）、"听"（用耳贴近伤者的口鼻处，听有无呼气音）、"试"（以脸贴近伤者口鼻部试有无呼气的气流；再用两手指轻试一侧喉结旁凹陷处的颈动脉有无搏动）的方法判定伤者呼吸、心跳情况。

④若发现伤者既无呼吸又无颈动脉搏动，可判定其呼吸心跳停止，应马上急救。

（2）骨折急救措施。

①肢体骨折可用夹板或木棍、竹竿等将断骨上下方关节固定，也可利用伤者身体进行固定，避免骨折部位移动，以减少疼痛，防止伤势恶化。

②开放性骨折，伴有大出血者应先止血、固定，并用干净布片覆盖伤口，然后速送医院救治，切勿将外露的断骨推回伤口内。

③疑有颈椎损伤,在使伤者平卧后,固定其颈部,以免引起截瘫。

④腰椎骨折应将伤者平卧在平硬木板上,并将躯干及两侧下肢一同固定以防瘫痪。搬动时应数人合作,保持平稳,不能扭曲。

(3) 有人受伤严重时,应派人拨打"120",同当地急救中心取得联系,详细说明事故地点、严重程度、联系电话,并派人到路口接应。

(4) 及时向项目部负责人汇报人员受伤抢救情况。

(5) 安排人员陪同前往医院,协助医院抢救。

五、注意事项

(1) 对坠落在高处或悬挂在高处的人员,施救过程中要防止被救和施救人员出现高坠。

(2) 在伤员救治和转移过程中,防止其伤情加重。

(3) 医务人员未接替救治前,不应放弃现场抢救。

六、联系电话

序号	部门	联系人	电话
1	医疗急救		120
2	本单位安监部门		
3	本单位领导		